碳纳米管水泥基功能复合材料及其应用

李云峰　著

山东大学出版社

图书在版编目(CIP)数据

碳纳米管水泥基功能复合材料及其应用/李云峰著
.—济南:山东大学出版社,2016.1
ISBN 978-7-5607-5499-4

Ⅰ.①碳… Ⅱ.①李… Ⅲ.①碳-纳米材料-水泥基复合材料-研究 Ⅳ.①TB333

中国版本图书馆 CIP 数据核字(2016)第 030856 号

责任策划:陈 珊
责任编辑:李云霄
封面设计:张 荔

出版发行:山东大学出版社
社 址 山东省济南市山大南路 20 号
邮 编 250100
电 话 市场部(0531)88364466
经 销:山东省新华书店
印 刷:济南新科印务有限公司
规 格:720 毫米×1000 毫米 1/16
10.75 印张 197 千字
版 次:2016 年 1 月第 1 版
印 次:2016 年 1 月第 1 次印刷
定 价:35.00 元

前　言

随着现代混凝土结构的大型化、智能化，不仅要求混凝土结构具有良好的刚度、韧性和耐久性，更要求结构本身具有一定的智能性。碳纳米管水泥基功能复合材料除了在强度、韧性和防止结构开裂等方面得到明显改善，还具有相当的智能自感知能力。利用该功能复合材料的智能性，将其作为传感器嵌固到工程结构中，能够做到对工程结构所承受的应力和可能出现的损伤进行“长期、实时”的监测，保证工程结构的安全性和耐久性。

作者及研究团队成员先后承担“十一五”国家科技支撑计划项目子课题、山东省高校科技计划项目、青岛市科技计划项目等多项研究课题，在水泥基复合材料、高性能混凝土、智能混凝土等领域，进行了大量的试验研究与理论探讨。现将部分研究成果撰写整理，汇编成此书。第1章对功能材料进行了简要介绍；第2章介绍碳纳米管的性质及碳纳米管增强复合材料的研究概况；第3章、第4章针对碳纳米管水泥净浆的力学性能、碳纳米管水泥砂浆的力学性能深入研究；第5章对碳纳米管水泥基复合材料电阻率和机敏性进行研究；第6章基于碳纳米管水泥基复合材料传感器的工程结构监测应用，对结构构件健康监测进行了模拟试验研究。

山东科技大学土木工程与建筑学院对本书的出版给予了大力支持，山东省土木工程防灾减灾重点实验室开放课题(CDPM2013KF03)、山东科技大学防灾减灾工程及防护工程学科山东省“泰山学者”建设工程专项经费对本书的出版给予了资助。山东科技大学研究生徐志峰、王全祥、韩米雪、张东升、周健、高巍、李瀛涛、解丹丹、范晓鹏、潘帅、周敬、户淑莉等参与了课题试验研究和资料整理工作。本书在写作过程中，参考了国内外同行公开发表的众多研究成果，在此一并表示感谢！

由于作者水平有限，缺憾乃至错误之处在所难免，恳请广大读者批评指正。

作　者

2015年11月

目　录

第1章 功能材料概述

材料是现代社会的物质基础，是现代文明的支柱。材料科学是基础科学，又是新技术革命的先导。功能材料涉及学科很广，与化学、物理学、数学、医学、生物学密切相关，是一个内容极其丰富的领域。材料的发展突出特征表现为：学科之间的相互交叉渗透，使得各学科之间的关系日益密切，互相促进，难以分割；材料科学技术化、材料技术科学化，材料科学与工程技术日益融合，相互促进；新材料、新技术、新工艺相互结合，为各个工程领域开拓了新的研究内容，带来了新的生命力和发展前景。

1.1 功能材料的发展

1.1.1 功能材料的发展概述

功能材料(Functional Materials)的概念是美国 Morton 于 1965 年首先提出来的。功能材料是指那些具有优良的电学、磁学、光学、热学、声学、力学、化学、生物医学功能，特殊的物理、化学、生物学效应，能完成功能相互转化，主要用来制造各种功能元器件而被广泛应用于各类高科技领域的高新技术材料。功能材料是在工业技术和人类历史的发展过程中不断发展起来的。特别是近 30 多年以来，电子技术、激光技术、能源技术、信息技术以及空间技术等现代高技术的高速发展，强烈刺激了现代材料向功能材料方向发展，使得新型功能材料异军突起，快速发展。自 20 世纪 50 年代以来，随着微电子技术的发展和应用，半导体材料迅速发展；60 年代出现激光技术，光学材料面貌为之一新；70 年代出现光电子材料；80 年代形状记忆合金等智能材料得到迅速发展。随后，包括原子反应堆材料、太阳能材料、高效电池等能源材料和生物医用材料等迅速崛起，形成了现今较为完善的功能材料体系。

功能材料是新材料领域的核心，是国民经济、社会发展及国防建设的基础和先导。它涉及信息技术、生物工程技术、能源技术、纳米技术、环保技术、空间技术、计算机技术、海洋工程技术等现代高新技术及其产业。功能材料对我国高新技术的发展及新产业的形成具有重要意义。

功能材料种类繁多，用途广泛，正在形成一个规模宏大的高技术产业群，有着十分广阔的市场前景和极为重要的战略意义。世界各国均十分重视功能材料的研发与应用，它已成为世界各国新材料研究发展的热点和重点，也是世界各国高技术发展中战略竞争的热点。

功能材料是新材料领域的核心，对高新技术的发展起着重要的推动和支撑作用。在全球新材料研究领域中，功能材料约占85%。随着信息社会的到来，特种功能材料对高新技术的发展起着重要的推动和支撑作用，是21世纪信息、生物、能源、环保、空间等高技术领域的关键材料，成为世界各国新材料领域研究开发的重点，也是各国高技术发展中战略竞争的热点。1989年，美国200多位科学家撰写了《90年代的材料科学与材料工程——在材料时代保持竞争力》报告，建议政府支持的6类材料中有5类属于功能材料。在1995年至2010年每两年更新一次的《美国国家关键技术》报告中，特种功能材料和制品技术占了很大的比例。欧盟的第六框架计划和韩国的国家计划等在他们的最新科技发展计划中，均将功能材料技术列为关键技术之一加以重点支持。2001年，日本文部省科学技术政策研究所发布的第七次技术预测研究报告中列出了影响未来的100项重要课题，一半以上为新材料或依赖于新材料发展的课题，而其中绝大部分为功能材料。我国对功能材料的发展亦非常重视，在国家攻关“863”“973”等计划中，功能材料均占了相当大的比例。在“863”计划支持下，开辟了超导材料、稀土功能材料、平板显示材料、生物医用材料、储氢材料等新能源材料，金刚石薄膜，红外线隐身材料，高性能固体推进剂材料，材料设计与性能预测等功能材料新领域，取得了一批接近或达到国际先进水平的研究成果。功能陶瓷材料的研究开发取得了显著进展，以片式电子组件为目标，我国在高性能瓷料的研究上取得了突破，并在低烧瓷料和贱金属电极上形成了自己的特色并实现了产业化；使片式电容材料及其组件进入了世界先进行列；镍氢电池、锂电子电池的主要性能指标和生产工艺技术均达到了国际的先进水平，推动了镍氢电池的产业化；功能材料还在“两弹一星”“四大装备四颗星”等国防工程中作出了举足轻重的贡献。各国都非常强调功能材料对发展本国国民经济、保卫国家安全、增进人民健康和提高人民生活质量等方面的突出作用。当前国际功能材料及其应用技术正面临新的突破，诸如超导材料、微电子材料、光子材料、信息材料、能源转换及储能材料、生态环境材料、生物医用材料及材料的分子、原子设计等正处于日新月异的发展之中，发展功能材料技术正在成为一些发达国家强化其经济及军事优势的重要手段。

我国国防现代化建设，如军事通信、航空、航天、导弹、热核聚变、激光武器、激光雷达、新型战斗机、主战坦克以及军用高能量密度组件等，都离不开特种功能材料的支撑。

2011 年教育部颁布的国家战略性新兴产业相关本科专业中就有功能材料，足显功能材料在国家战略及新兴产业中的重要性。

1.1.2 功能材料的特征与分类

功能材料是指具有优良的物理、化学和生物或其相互转化的功能，用于非承载目的的材料。迄今为止，功能材料尚无统一的严格的定义。但与结构材料相比，有以下主要特征：

(1)功能材料的功能对应于材料的微观结构和微观物体的运动，这是最本质的特征。

(2)功能材料的聚集态和形态非常多样化，除了晶态外，还有气态、液态、液晶态、非晶态、准晶态、混合态和等离子态等。除了三维体相材料外，还有二维、一维和零维材料。除了平衡态，还有非平衡态。

(3)结构材料常以材料形式为最终产品，而功能材料有相当一部分是以元件形式为最终产品，即材料元件一体化。

(4)功能材料是利用现代科学技术，多学科交叉的知识密集型产物。

(5)功能材料的制备技术不同于结构材料用的传统技术，而是采用许多先进的新工艺和新技术，如急冷、超冷、超微、超纯、薄膜化、集成化、微型化、密集化、智能化以及精细控制和检测技术。

目前，现代技术对物理功能材料的需求最多，因此物理功能材料发展最快，品种多，功能新，商品化率和实用化率高，在已实用的功能材料中占了绝大部分。所以，有时习惯上把功能材料和物理功能材料看作一个名称，许多功能材料的书刊内容也仅限于物理功能材料。但是随着现代高技术的发展，其他功能材料特别是生物功能材料也将迅速发展，并从实验室研究走向实用。

功能材料的种类繁多，为了研究、生产和应用的方便，常把它分类。目前，尚无统一的分类标准。由于着眼点不同，分类的方法也不同，目前主要有以下六种分类方法，各有特点，不能相互包括和代替，可根据需要选用。

(1)按用途分类可分为电子、航空、航天、兵工、建筑、医药、包装等功能材料。

(2)按化学成分分类可分为金属、无机非金属、有机、高分子和复合功能材料。

(3)按聚集态分类可分为气态、液态、固态、液晶态和混合态功能材料。其中,固态又分为晶态、准晶态和非晶态。

(4)按功能分类可分为物理(如光、电、磁、声、热等)、化学(如感光、催化、含能、降解等)、生物(生物医药、生物模拟、仿生等)和核功能材料。

(5)按材料形态分类可分为块体、膜、纤维和颗粒等功能材料。

(6)按维度分类可分为三维、二维、一维和零维功能材料。三维材料即固态体相材料。二维、一维和零维材料分别为其厚度、径度和粒度小到纳米量级的薄膜、纤维和微粒,统称低维材料,其主要特征是具有量子化效应。

1.1.3 功能材料的现状与发展趋势

1.1.3.1 功能材料的现状

当前,功能材料发展迅速,其研究和开发的热点集中在光电子信息材料、功能陶瓷材料、能源材料、生物医用材料、超导材料、功能高分子材料、功能复合材料、智能材料等领域。

现已开发的以物理功能材料最多,主要有:

(1)单功能材料

单功能材料有导电材料、介电材料、铁电材料、磁性材料、磁信息材料、发热材料、蓄热材料、隔热材料、热控材料、隔声材料、发声材料、光学材料、发光材料、激光材料、红外材料、光信息材料等。

(2)多功能材料

多功能材料有降噪材料、耐热密封材料、三防(防热、防激光和防核)材料、电磁材料等。

(3)功能转换材料

功能转换材料有压电材料、热电材料、光电材料、磁光材料、电光材料、声光材料、电(磁)流变材料、磁致伸缩材料等。

(4)复合和综合功能材料

复合和综合功能材料有形状记忆材料、传感材料、智能材料、显示材料、分离功能材料等。

(5)新形态和新概念功能材料

新形态和新概念功能材料有液晶材料、非晶态材料、梯度材料、纳米材料、非平衡材料等。

目前,化学和生物功能材料的种类虽较少,但发展速度很快,功能也更多样化。其中的储氢材料、锂电子电池材料、太阳电池材料、燃料电池材料和生物医学工程材料已在一些领域得到了应用。同时，功能材料的应用范围也迅速扩大，虽然在产量和产值上还不如结构材料，但其应用范围实际上已超过了结构材料，对各行业的发展产生了很大的影响。

1.1.3.2　功能材料的发展趋势

高新技术的迅猛发展对功能材料的需求日益迫切，也对功能材料的发展产生了极大的推动作用。目前从国内外功能材料的研究动态看，功能材料的发展趋势可归纳为如下几个方面：

(1)开发高技术所需的新型功能材料，特别是尖端领域(如航空航天、分子电子学、高速信息、新能源、海洋技术和生命科学等)所需和在极端条件(如超高压、超高温、超低温、高热冲击、高真空、高辐射、粒子云、原子氧和核爆炸等)下工作的高性能功能材料。

(2)功能材料的功能由单功能向多功能、复合和综合功能发展，从低级功能向高级功能发展。

(3)功能材料和器件的一体化、高集成化、超微型化、高密积化和超分子化。

(4)功能材料和结构材料兼容，即功能材料结构化、结构材料功能化。

(5)发展和完善功能材料检测和评价的方法。

(6)进一步研究和发展功能材料的新概念、新工艺和新设计。已提出的新概念有梯度化、低维化、智能化、非平衡态、分子组装、杂化、超分子化和生物分子化等；已提出的新工艺有激光加工、离子注入、等离子技术、分子束外延、电子和离子束沉积、固相外延、精细刻蚀、生物技术及在特定条件下(如高温、高压、高真空、微重力、强电磁场和超净等)的工艺技术；已提出的新设计有化学模式识别设计、分子设计、非平衡态设计、量子化学和统计力学计算法等。

(7)加强功能材料的应用研究，扩展功能材料的应用领域，特别是尖端领域和民用高技术领域，迅速推广成熟的研究成果，以形成生产力。

1.2　功能复合材料

1.2.1　电功能复合材料

1.2.1.1　电接触复合材料

电接触元件担负着传递电能和电信号以及接通或切断各种电路的重要功能，电接触元件所用的材料性能直接影响到仪表、电机、电器和电路的可靠性、稳定性、精度及使用寿命。

(1)滑动电接触复合材料

滑动电接触元件能可靠地传递电能和电信号,要求具有耐磨、耐电、抗黏结、化学稳定性好、接触电阻小等性能。采用碳纤维增强高导电金属基复合材料,替代传统的钯、铂、钌、银、金等贵金属合金,接触电阻减小,且导热快,可避免过热现象;同时能增加强度及过载电流,并具有优良的润滑性和耐磨性等优点。碳纤维增强铜基复合材料还被用于制造导电刷。用于宇宙飞船的真空条件下工作的长寿命滑环及电刷材料,主要采用粉末冶金法制备,含有固体润滑剂二硫化钼或二硒化铌或石墨的银基复合材料,工作寿命可大大提高。

(2)开关电接触复合材料

开关电接触复合材料主要是以银作为基体的复合材料,它利用银的导电导热性好、化学稳定性高等优点,又通过添加一些材料来改善银的耐磨、耐蚀、抗电弧侵蚀能力,从而满足了断路器开关、继电器中周期性切断或接通电路的触点对各项性能的要求。开关电接触材料使用最多的是用金属氧化物改性的银基复合材料,如银-氧化镉、银-氧化锌、银-氧化镍等材料。为进一步提高开关接触材料的性能,还开发了碳纤维银基复合类材料、碳化硅晶须或颗粒增强银基复合材料。

1.2.1.2　导电复合材料

导电复合材料是在聚合物基体中,加入高导电的金属与碳素粒子、微细纤维,然后通过一定的成型方式而制备出的。加入聚合物基体中的这些添加材料为增强体和填料。

增强体是一种纤维质材料,或者是本身导电,或是通过表面处理来获得导电。用得较多的是碳纤维,其中用聚丙烯腈碳纤维制成的复合材料比沥青基碳纤维增强复合材料具有更加优良的导电性和更高的强度。在碳纤维上镀覆金属镍,可进一步增加导电率,但这种镀镍碳纤维与树脂基体的黏结性却被削弱。除碳纤维以外,铝纤维和铝化玻璃纤维亦用作导电增强体。不锈钢纤维是进入导电添加剂领域的新型材料,其纤维直径细小,以较低的添加量即可获得好的导电率。

导电复合材料中使用较多的填料为炭黑,它具有小粒度、高石墨结构、高表面孔隙度和低挥发量等特点。金属粉末也可用作填料,加入量为质量分数30%～40%。选择不同材质、不同含量的增强体和填料,可获得不同导电特性的复合材料。

(1)屏蔽复合材料

导电率大的树脂基复合材料,可有效地衰减电磁干扰。电磁干扰是由电压迅速变化而引起的电子污染,这种电子“噪声”分自然产生的和人造电子装置产生的。如让其穿透敏感电子元件,极像静电放电,会产生计算错误或抹去计算机存储等。导电复合材料的屏蔽效应是其反射能和内部吸收能的总和。一种良好的抗电磁干扰材料既可屏蔽入射干扰,也可容纳内部产生的电磁干扰,而且它可以任意注塑各种复杂形状。采用镀覆金属镍的碳纤维作增强体时,其屏蔽效果更加显著,例如,25%镀镍碳纤维增强聚碳酸酯复合材料,其屏蔽效应为40~50 dB。

(2)静电损耗复合材料

静电损耗复合材料是表面电阻率为10^2~10^6 Ω的导电复合材料,它能迅速地将表面聚积的静电荷耗散到空气中去,可以防止静电放电电压高(4000~15000 V)而损坏敏感元件。静电损耗复合材料可用传统的注塑、挤塑、热压或真空成型法进行加工。玻璃纤维增强聚丙烯复合材料常用于制造料斗、存储器、医用麻醉阀、滑动导架、地板和椅子面层等;玻璃纤维增强尼龙复合材料用来制造集成电路块托架、输送机滚柱轴承架、化工用泵扩散器板等。还有其他基体的以及碳纤维增强的静电损耗复合材料。

聚合物导电复合材料还具有某些无机半导体的开关效应的特性。因此,由这种导电复合材料所制成的器件在雷管点火电路、自动控制电路、脉冲发生电路、雷击保护装置等多方面有着广阔的应用前景。

1.2.1.3　压电复合材料

压电复合材料具有应力-电压转换特性,当材料受压时产生电压,而作用电压时产生相应的变形。在实现电声换能、激振、滤波等方面有极广泛的用途。

钛酸钡压电陶瓷,锆钛酸铅、改性锆钛酸铅和以锆钛酸铅为主要基元的多元系压电陶瓷,偏铌酸铅、改性钛酸铅等无机压电陶瓷材料压电性能良好但其硬而脆的特性给加工和使用带来困难。一种以有机压电薄膜材料聚偏氟乙烯为代表的有机压电薄膜,因其材质柔韧、低密度、低声阻抗和高压电电压常数,在水声、超声测量,压力传感,引燃引爆等方面得到应用。但其缺点在于压电应变常数偏低,使之作为有源发射换能器受到很大的限制。如聚偏二氟乙烯经极化、拉伸成为驻极体后亦有压电性,但由于必须经拉伸、极化,材料刚度增大,难于制成复杂形状,并且具有较强的各向异性。这两类压电材料都是压电性能好但综合性能差。如将钛酸锆与聚偏二氟乙烯或聚甲醛复合而得的具有一定压电性的压电复合材料,虽然压电性不十分突出,但其柔软、易成型,尤其是可制成膜状材料,大大拓宽了压电材料的用途。

(1)结构设计

最初是将压电陶瓷粉末和有机聚合物按一定比例进行机械混合,虽然可以制出具有一定性能水平的压电复合材料,但远未能发挥两者各自的长处。因此,在材料设计中，不仅要考虑两组成机械混合所产生的性能改善，还要十分重视两组成性能之间的“耦合效应”。采用“连通性”的概念，在复合材料中，电流流量的流型和机械应力的分布以及由此而得到的物理和机电性能，均与“连通性”密切相关。在压电复合材料的两相复合物中，有10种“连通”的方式，即0-0、0-1、0-2、0-3、1-1、1-2、1-3、2-2、2-3、3-3，第一个数码代表压电相，第二个数码代表非压电相。对两相复合而言，其“连通”方法有串联连接和并联连接之分。串联连接相当于小的压电陶瓷颗粒悬浮于有机聚合物中。并联连接相当于压电陶瓷颗粒的尺寸与有机聚合物的厚度相近或相等。计算表明，含有50%(体积分数)PZT的压电复合材料，其$d \cdot g$比PZT压电陶瓷的要高。

1976年，美国海军研究实验室分别利用较小的PZT颗粒和大的颗粒填充到聚合物中制成压电复合材料。前者由于压电陶瓷微粒的直径小于复合物的厚度，妨碍了压电微粒极化的饱和，因此，压电响应小；而后者压电颗粒尺寸接近或等于复合物厚度，极化可以贯通，使压电颗粒极化达到饱和，压电常数得到提高。

(2)制备方法

①混合法

将压电陶瓷粉末与环氧树脂、PVDF等有机聚合物按一定比例混合，经球磨或扎膜、浇铸成型或压延成型制成压电复合材料。此法使用的PZT压电陶瓷粉末，尺寸直径不小于10 μm。

②复型法

利用珊瑚复型，制成PZT的珊瑚结构，而后向其中充填硅橡胶制成3-3连通型压电复合材料。此工艺复杂，不易批量生产。

③Burps工艺

用PZT压电陶瓷粉末与聚甲基丙烯酸酯以30：70的体积比混合，并加入少量聚乙烯醇压成小球。烧结后，小球疏松多孔，可注入有机聚合物，如硅橡胶等。此法较珊瑚复型法制作简单，得到的压电复合材料性能亦有提高。

④切割法

把具有一定厚度、极化了的PZT压电陶瓷片粘在一平面基板上，然后在PZT平面上进行垂直切割，将PZT切成矩形，其边长250 μm，空间距离500 μm。切好后放进塑料圆管中，在真空条件下，向切好的沟槽内浇铸环氧树脂，经固化，将PZT与基体分离，处理后，制极、极化，制成1-3连通型压电复合材料。

⑤注入法

将PZT压电陶瓷粉末模压，烧成PZT蜂房结构，向蜂房结构中注入有机聚合物，制成1-3连通型压电复合材料。这种材料适用于厚度模式的高频应用。

⑥钻孔法

在烧成的一定厚度的 PZT 立方体上，用超声钻打孔，而后注入有机聚合物和环氧树脂，固化后，切片、制极、极化，制成压电复合材料。

在有机聚合物中加入孤立的第三相，制得三相复合的压电复合材料，以改善材料的压力，释放和降低其泊松比。制成 1-3-0 连通型压电复合材料，可提高其压电应变常数。

(3)性能和应用

表 1.1 列出了不同方法研制的适于水声应用的几种连通型的压电复合材料的介电和压电性能。

表 1.1　　水声应用的几种连通型的压电复合材料

类型		密度 (g/cm^3)	介电常数 ε (F/m)	压电应变常数 g_h (10^{-12} C/N)	压电电压常数 d_h (10^{-3} Vm/N)	$d_h g_h$ (10^{-3} m^2/N^2)
	单相 PZT	7.6	1800	40	2.5	100
	PVDF 薄膜	1.8	13	11.5	108	1246
3-3	珊瑚型-PZT	3.3	50	140	36	5040
	PZT-SPURRS 环氧树脂	4.5	620	20	110	2200
	PZT-硅橡胶	4.0	450	45	180	8100
1-3	PZT 棒-SPURRS 环氧树脂	1.4	54	56	27	1536
	PZT-聚氨酯	1.4	40	56	20	1100
1-3-0	PZT-SPURRS 环氧树脂-玻璃球	1.3	78	60	41	2460
	PZT-泡沫聚氨酯	0.9	41	210	73	14600
0-3	$PbTiO_3$-氯丁二烯橡胶	—	40	100	35	3500
	Bi_2O_3 改性 $PbTiO_3$-氯丁二烯橡胶	—	40	28	10	280
3-1	打孔 3-1 型复合	2.6	650	30	170	5100
3-2	打孔 3-2 型复合	2.5	375	60	300	12000

压电复合材料具有高静水压灵敏度，在水声、超声、电声以及其他方面得到了广泛应用。用其制作的水声换能器不仅有高的静水压响应，而且耐冲击，不易受损且可用于不同深度。

用其研制的高频(3～10 MHz)超声换能器已在生物医学工程和超声诊断等方面得到应用，如用1-3连通型成功地制作出了7.5 MHz的医用超声探头。

由于压电复合材料密度可在较宽范围内改变，从而改善了换能器负载界面的声阻抗匹配，减少了反射损耗，而材料的低QM值，又可使换能器具有良好的宽带特性和脉冲响应。因此，压电复合材料已成为制作高频超声换能器的最佳材料之一。

用压电复合材料研制的中心频率为4.5 MHz的线阵换能器已用于物体的声成像。用2-2连通型材料制作的直线相控阵换能器显示了其明显的优点。1-3连通的蜂房型压电复合材料可用作变形反射镜的弯曲背衬材料，在天文领域用的光学器件中得到应用。用复合压电材料制作的平面扬声器也有产品面市。

1.2.1.4 超导复合材料

高临界转化温度的氧化物超导体脆性大，虽有一定的抵抗压缩变形的能力，但其拉伸性能极差，成型性不好，使得超导体的实用化受到了限制。用碳纤维增强锡基复合材料通过扩散黏结法将$YBa_2Cu_3O_7$超导体包覆于其中，从而获得良好的力学性能、电性能和热性能的包覆材料。实验发现，随着碳纤维体积含量增加，碳纤维/锡-铱钡铜氧复合材料的拉伸强度不断提高。碳纤维基本上承担了全部的拉伸载荷，在断裂点之前碳纤维/锡材料包覆的超导体，一直都能保持超导特性。

1.2.2 光学功能复合材料

1.2.2.1 红外隐身复合材料

20世纪70年代后期，光电技术发展迅速，许多新型探测器相继问世，如激光测距仪、激光跟踪仪、激光警告仪、热像仪等，使光电对抗也加入到了现代战争的行列。由于探测器种类增多，工作频率加宽，探测方式向空间立体化方向发展，对隐身技术宽带化和兼容性等方面提出了许多新要求。而雷达、激光与热像仪的探测原理不同，对材料参数的要求是相反的，这使得材料隐身的宽带化和兼容性成为难题。

红外隐身材料是针对热像仪而研制的隐身材料。Maclean等人用反差比辐射率C的大小表示热像仪的可探测性，$C=E_O-E_B$，E_O为目标比辐射率，E_B为背景比辐射率。C越大，热像仪分辨率越高，可探测性越大。当$C=0$时，处于隐身最佳状态。对抗热像仪探测器，需要控制材料的比辐射率。目标与背景的温差越大，要求材料的比辐射率越低。由于比辐射率 E 与吸收系数 γ 成正比，因此 E 小则 γ 小，对主动隐身不利。抗热像仪探测的隐身技术又被称为“被动隐身”。可见主被动隐身技术对材料参数的要求是矛盾的。因此主被动隐身技术的兼容性就成为材料隐身的高难技术领域。材料的比辐射率主要取决于材质、温度及表面状态。

红外隐身材料主要制作成红外涂层材料，有两类涂料。一类涂料是通过材料本身或某些结构和工艺使吸收的能量在涂层内部不断消耗或转换而不引起明显的温升。另一类涂料是在吸收红外能量后，使吸收后释放出来的红外辐射向长波长转移，并处于探测系统的效应波段以外，达到隐身目的。涂料中的胶粘剂、填料、涂料的厚度与结构都直接影响红外隐身效果。

随着红外和光电探测及制导系统的迅速发展，在要求飞行器具有雷达波隐身的能力的同时，也要求飞行器必须具有红外隐身效果。研制红外、微波兼容的多功能隐身材料，必须从材料本体结构以及复合工艺等多方面予以综合考虑。许多半导体材料及导电材料都具有良好的微波吸收特性，若将这些材料与红外隐身涂料进行合理的复合，就能获得宽频兼容的雷达波、红外多功能隐身材料。英国 SCRDE 实验室已制备了一种新型的热屏蔽材料，它是一种复合结构的涂层，其红外辐射频率为 0.2 Hz，同时也具有良好的微波隐身效果。

1.2.2.2　导光和透光复合材料

减小反射的途径是增加吸收或增加透射。增加吸收不利于减小比辐射率，增加透射对反射、比辐射率均有益。在研究主被动兼容性隐身功能中，引进光的传输特性会收到事半功倍的效果。导光材料和透光材料就是在这种背景下而诞生的新材料。

纳米材料的光学性质与粗粉及块状材料差异极大。例如，当银的粒径为 50 nm以下时则由银白色变为浅粉色，铁红、铁黄、铁黑等颜料当粒径为150 nm时是非常透明的。纳米材料特殊的光学性质还体现在对于光的吸收、辐射、反射、透射等方面。粒径为10 nm的四氧化三铁超微粒子的透射特性与粗粉不同，其传输特性已发生了很大的变化。将传输特性引入隐身材料设计已成为可能，纳米材料的透射特性异常，为导光材料和透光材料问世奠定了基础。

美国维斯特·考阿斯特公司最早成功地研制了无碱玻璃纤维增强不饱和聚酯型透光复合材料，根据建筑采光、化工防腐等各种应用需要而制成的透光复合材料有耐化学腐蚀的、自熄的、耐热的(120 ℃)、透红外光的、透紫外光的、透红橙光的以及特别耐老化的等种类。但总体说来，不饱和聚酯型透光复合材料透紫外光能力差、耐光老化性不好。为此，美国、日本等又先后开发研制出了碱玻璃纤维增强丙烯酸型透光复合材料，其光学特性、力学特性都比不饱和聚酯型透光复合材料有明显改进。

以玻璃纤维增强聚合物为基体的透光复合材料的性能取决于基体、增强体以及填料、纤维与树脂间界面的黏结性能以及光学参数的匹配。通常，强度和刚度等力学性能主要由纤维所承担，纤维的光学性能一般较固定，而树脂的光学性能在相当程度上与材料的各种化学、物理性能有关。如何使熟知的光学性能与玻璃纤维相匹配又兼顾其力学性能、阻燃性、耐老化性、经济性、色泽等特性，目前这方面的工作已取得较大进展。

1.2.3 吸声和吸波功能复合材料

1.2.3.1 吸声材料

吸声材料就是可把声能转换成热能的材料。材料的吸声功能与材料的结构有关。不同的材料和结构，具有不同的吸声方式。目前的吸声材料主要是玻璃纤维、矿物纤维、陶瓷纤维等纤维类材料和泡沫玻璃、泡沫陶瓷等泡沫类材料。这些吸声材料可分为两类，即柔顺性的吸声材料和非柔顺性的吸声材料。对于柔顺性的吸声材料，主要是通过骨架内部摩擦、空气摩擦和热交换来达到吸声的效果。这类材料，为了提高柔顺性，内部要多孔，其表面可以无孔。非柔顺性多孔吸声材料，主要靠空气的黏滞性来达到吸声的功能。进入材料的声波迫使孔内的空气振动，而空气与固体骨架间的相对运动所引起的空气摩擦损耗使声能变成热能。

通常控制吸声性能的主要参量是吸声材料的厚度、频率、空气流阻、孔隙率和结构因子。结构因子是指材料中孔的形状和分布方向等。吸声材料层可不均匀，通常可直接固定在刚硬结构多孔材料层，形成广义上的复合材料。其对于高频(>500 Hz)的吸收比低频更有效。这类材料的特点是声波易于进入材料的孔内，因此不仅内部而且表面也是多孔的。

纤维类和泡沫吸声材料已被广泛应用，但这些材料也存在着一些不足，比如在施工安装中，操作人员会有扎手的感觉；在遇水或者附着粉尘后，吸声性能急剧下降，纤维脆断脱落，易造成二次污染等。因此，吸声材料的发展方向有两个：一个是由松散材料的使用到成型的吸声材料；另一个是功能性与装饰性相结合，以满足人们对室内装饰的日益重视。

(1)材料制备

将原料 PVC、增塑剂、防老剂、无机物、发泡剂(事先用丙酮分散)等组分按一定的配比混合，将其放入模具，并在 190～200 ℃温度下进行发泡，待泡沫稳定后，取出模具，冷却脱模，即得到所需产品。

(2)吸声性能的影响因素

①材料厚度

聚合物-无机物复合材料具有一般多孔性材料的吸声特性，即吸声系数随着厚度的增加而增大，而且吸声特性频率向低频移动。但对高频并无好处，这是因为高频声在材料表面就被吸收了。

②试样的容重

当厚度一定时，其吸声特性曲线随容重改变而发生变化，即随容重的增加，其低频吸声系数有所提高，但对高频影响不大。然而，如果容重过大，内部孔隙率过小，声波透入的阻力太大，尤其是低频部分的透入量要受到影响，故吸声材料最佳的容重范围为200～300 kg/cm^3。

同时，即使容重相同，吸声系数也会因体系中无机物含量以及粒径，或PVC泡沫体的泡孔结构不同而有所变化。通常厚度大的试样吸声系数也大。但与厚度相比，容重对吸声系数的影响只是第二位的因素。PVC与无机物之间存在最佳的配比。

③无机物的粒径

对于具有相同的PVC及无机物质量比，以及相同容重的复合材料，粒径小的无机物所占的体积小于粒径大的，加之其粒径同固体PVC颗粒粒径相近，所以容易混合分散均匀。经发泡后，无机物粒径小的复合材料内部孔隙较小，流阻较大，吸声效果好。粒径越小，PVC泡沫塑料的共振吸收峰便越不明显，这是由于随着无机物粒径的减小，PVC泡沫体的弹性减小，对特定频率的声波的共振减弱，在该频率也就不会发生大的吸收。这使吸声系数在整个频率范围内的变化平缓，对于全频带的吸声具有很大的价值。但当粒径小到影响了无机物本身的微孔结构的完整时，吸声性能反而会下降。

(3)吸声材料的其他性能

①力学性能

PVC-无机物复合材料的主要力学性能均优于聚氨酯泡沫塑料吸声板，而且已达到了安装和施工的要求。

②阻燃性能

由于PVC本身分子链中含有氯原子，所以本身具有自熄性。同时加入大量耐热的无机物，对易燃成分起到了稀释作用，也降低了该复合材料的燃烧性。但是成型加工时需要加入的增塑剂是易燃物质，又因为PVC-无机物复合发泡体的单位体积质量相当小，而表面积大以及热导率低等因素都导致其容易燃烧。通过添加阻燃剂的方法可提高材料的阻燃性能。

这种中低频吸声性能优良的新型吸声材料，易加工成型。另外，还可通过改变配方的方法来满足特定频率吸声的要求，可适应不同的建筑施工以及不同吸声降噪场合的需求。

1.2.3.2　吸波材料

吸波材料最早是针对雷达而研制的隐身材料。雷达依靠捕捉目标反射信号而发现目标。根据反射信号的强弱、方位、时间等可得知目标的距离、方位。当一束电磁波辐射到一介质表面时，遵循 $\alpha+\beta+\gamma=1$ 的规律，α 为透射系数，β 为反射系数，γ 为吸收系数。反射信号越弱，雷达探测到目标就越困难。假设 $\alpha=0$，减小 β 唯一的途径是使 γ 值趋于 1，也就是使材料有大的吸收系数。对抗雷达探测的材料也称为吸波材料。凡是与雷达探测原理相同的探测器，都可用吸波材料达到隐身的目的；而对抗激光测距，吸波材料也是行之有效的手段，这类隐身技术被称为主动隐身技术。雷达波吸波材料和激光吸波材料都可分为谐振型、非谐振型两类。谐振型吸波效果与材料厚度有关。非谐振型与材料的介电常数、磁导率、电导率等参数有关，而且这些参数随材料厚度的变化是逐级或无级的，因此材料内部寄生反射较少，可不考虑材料厚度。

吸波材料可分为涂覆型和结构型两类。涂覆型吸波材料包括涂料和贴片。日本研制的一种宽频高效吸波涂料是由电阻抗变换层和低阻抗谐振层组成的双层结构。其中变换层是铁氧体和树脂的混合物，谐振层则是铁氧体、导电短纤维与树脂构成的复合材料。这种涂料可吸收 1.2 GHz 的雷达波，吸收带宽达 50%、吸收率达 20 dB 以上。结构型吸波材料是一种多功能复合材料，是由吸波材料和树脂基复合材料经合理的结构设计构成的，它既能做结构件，又能较好地吸收（或透过）电磁波，已成为当代隐身材料的重要发展方向。结构型吸波材料可制成蜂窝状、波纹状、层状、棱锥状、泡沫状。将吸波材料与吸波纤维复合到这些结构中去，用作飞机结构材料，尤其是用非金属结构材料做结构型骨架，可大大减轻机身质量。这类吸波材料通常有薄板型和杂质型两种，后者由于使得从表面透波层进入结构的电磁波可通过夹芯进行多次散射吸收，因而夹层结构更易于实现电磁波在结构中“透、吸、散”的作用。20 世纪 90 年代西欧联合研制的主力战斗机 EFA 也采用隐身技术，大量采用了碳纤维、开费拉纤维以及其他纤维增强体的热固性聚酰亚胺和热塑性复合材料；日本的 AMS-1 空对舰导弹尾翼就采用了含有铁氧体的玻璃钢。除了碳纤维复合材料用作结构吸波材料以外，由玻璃纤维、石英纤维、开费拉纤维和超高强度的聚乙烯纤维增强体制成的高性能热塑性复合材料具有优异的透波性能，是制造雷达罩的理想材料。

（1）制备方法

采用超声分散将平均粒径 70～80 nm 的金属镍微粒均匀分散到聚碳硅烷体系内。通过熔融纺丝、不熔化处理及高温烧成等工艺制得掺混型碳化硅纤维。

经阻抗匹配设计，将具有一定强度和适宜电磁参数的掺混型碳化硅纤维正交铺排，刷上一定比例加有固化剂的环氧树脂，加压固化，制得单层树脂基结构吸波材料。

(2)阻抗匹配设计原理

通常设计层板型结构吸波材料，是在选定了树脂体系及增强材料并限制了厚度和密度的前提下，对材料的电学性能及配方进行优化设计。吸波材料对雷达波的吸收性能不仅取决于材料的介电损耗，还取决于雷达波是否能从介质进入材料内部，这就要求材料表面的电阻抗与介质相同，即抗阻匹配。

(3)材料结构及吸波性能

单层雷达波吸波材料存在频带较窄的缺点，采用单层材料难以达到雷达波吸波材料所希望的频宽。解决方法是按电阻抗渐变的原则复合成多层材料。多层材料可以在厚度方向改变特性阻抗以获得较小的表面反射，是拓宽雷达波吸收材料吸波频带的常用方法。但层数越多，实际施工中的困难也越大，因此对于实际应用的吸波材料来说，一般不超过三层。

结构吸波材料主要是由树脂基体、增强体和吸收剂复合而成。一般采用环氧树脂 618 为基体，增强体和吸收剂都是含镍的掺混型碳化硅纤维。这种纤维具有较好的力学性能、连续可调的电阻率、合适的电磁参数和较大的电磁损耗角，在一定范围内，其基本电学性能可根据层料组成和制备工艺进行控制和调节，并对吸波材料的结构与厚度进行设计，使材料阻抗尽可能与自由空间匹配。所制备的三层结构吸波材料总厚度为 4 mm，从最外层到与金属板相接触的最里层分别为第一、二、三层，厚度分别为 1.5 mm、1.5 mm、1.0 mm，每层选用的纤维分别为 SiC/Ni-1、SiC/Ni-3 和 SiC/Ni-5(数字代表纤维内镍的质量分数)。双层结构吸波材料总厚度为 4.5 mm，所选用的吸收剂分别为三层结构吸波材料第一和第三层选用的碳化硅纤维，厚度分别为 2.5 mm 和 2.0 mm。

1.2.4 结构功能复合材料

1.2.4.1 聚合物基复合材料

聚合物基复合材料是以有机复合物为基体，以纤维为增强材料组合而成的。纤维有高强度、高模量的特性。基体的黏结性能好，又能使载荷均匀分布，并传递到纤维上去，并允许纤维承受压缩和剪切载荷。纤维和基体之间的良好复合可发挥各自的优点，实现最佳结构设计。

组成聚合物基复合材料的纤维和基体的种类很多，如玻璃纤维增强热固性塑料(俗称“玻璃钢”)、短切玻璃纤维增强热塑性塑料、碳纤维增强塑料、碳化硅纤维增强塑料、矿物纤维增强塑料、石墨纤维增强塑料、芳香族聚酰胺纤维增强塑料、木质纤维增强塑料等。

(1)聚合物基复合材料的特点

①具有较高的比强度和比模量。可与金属材料,如钢、铝、钛等进行比较。

②抗振、抗声性能好。纤维与基体界面具有吸振的能力,其振动阻尼很高。

③高温性能好。耐热性相当好,宜作烧蚀材料,在高温时,表面发生分解,引起汽化,与此同时吸收热量,达到冷却的目的,随着材料的逐渐消耗,表面的吸热率会非常高。例如玻璃纤维增强酚醛树脂,就是一种烧蚀材料,烧蚀温度达1650 ℃。原因是:酚醛树脂受高热时,会立刻炭化,形成耐热性很高的碳原子骨架,而且纤维仍然被牢固地保持在其中;此外,玻璃纤维本身有部分汽化,而表面上残留的几乎是纯的二氧化硅,它的黏结性相当好,从而阻止了进一步的烧蚀;并且它的热导率仅为金属的0%～0.3%,瞬时耐热性好。

④抗疲劳性能好。金属的疲劳极限是抗拉强度的40%～50%,而碳纤维复合材料则为70%～80%。

⑤可设计性强。通过改变纤维、基体的种类及相对含量,纤维集合形式及排列方式等可以满足对复合材料结构与性能的各种设计要求。制造多为整体成型,不需要二次加工。

⑥安全性好。聚合物基复合材料中有大量的独立纤维,每平方厘米的复合材料上有几千根,甚至上万根纤维分布着,当材料超载时,即使有少量的纤维断裂,其载荷也会重新分配到未断裂的纤维上,在短期内不会致使整个构件失去承载的能力。

⑦断裂伸长率小、抗冲击强度差、横向强度和层间剪切强度低。

(2)玻璃纤维增强热固性塑料(GFRP)

玻璃纤维增强热固性塑料的特点是密度比金属铝还要小,比强度比高级合金钢还要高,因此,又被称为"玻璃钢"。其有良好的耐蚀性和电绝缘,不受电磁作用的影响,不反射无线电波,微波透过性好,可用来制造扫雷艇和雷达罩;还具有保温、隔热、隔音、减振等性能。缺点是刚性差,基体易老化,在光和空气中会氧化,在有机溶剂中也会老化。

玻璃纤维增强热固性塑料以玻璃纤维(长纤维、布、带、毡等)作为增强材料,热固性塑料(环氧树脂、酚醛树脂、不饱和聚酯树脂等)作为基体。聚集体分成三类,即玻璃纤维增强环氧树脂、玻璃纤维增强聚酯树脂、玻璃纤维增强酚醛树脂。

①玻璃纤维增强环氧树脂

玻璃纤维增强环氧树脂是GFRP中综合性能最好的一种。基体环氧树脂的黏结能力最强,与玻璃纤维复合时,界面剪切强度最高。环氧树脂固化时无小分子放出,因此尺寸稳定性最好,收缩率只有1%～2%。其缺点是环氧树脂黏度大，加工不方便，而且成型时需要加热，在室温下成型会导致环氧树脂固化反应不完全，不能制造大型的制件。

②玻璃纤维增强聚酯树脂

树脂中加入引发剂和促进剂后，可以在室温下固化成型，由于树脂中的交联剂的稀释作用，树脂的黏度大大降低，可制作大型构建材料，透光率达60%～80%，透光性好，可做采光瓦。缺点是固化时收缩率大，约达8%，耐酸、碱性差。

③玻璃纤维增强酚醛树脂

玻璃纤维增强酚醛树脂是GFRP中耐热性最好的一种，可在200 ℃下长期使用，甚至可以在1000 ℃以上的高温下短期使用。玻璃纤维增强酚醛树脂是一种耐烧蚀材料，可用它做宇宙飞船的外壳；因它的耐电弧性，可用于制作耐电弧的绝缘材料。但其性能较脆，机械强度不如环氧树脂。固化时有小分子副产物放出，因而尺寸不稳定。酚醛树脂对人体皮肤有刺激作用。

(3)玻璃纤维增强热塑性塑料(FR-TP)

玻璃纤维增强热塑性塑料是以玻璃纤维(长纤维或短切纤维)为增强材料，热塑性塑料(聚酰胺、聚丙烯、低压聚乙烯、ABS树脂、聚甲醛、聚碳酸酯、聚苯醚等工程塑料)为基体的纤维增强塑料。它比玻璃纤维增强热固性塑料密度更小，为钢材的1/6～1/5，比强度高，蠕变性能大大改善。

①玻璃纤维增强聚丙烯(FR-PP)

玻璃纤维增强聚丙烯与纯聚丙烯相比，机械强度大大提高了，当短切玻璃纤维质量分数达30%～40%时，其强度达到顶峰，抗拉强度达到100 MPa，远高于工程塑料聚碳酸酯、聚酰胺等。随着玻璃纤维含量提高，聚丙烯的低温脆性得到了很大改善。FR-PT的吸水率很小，是聚甲醛和聚碳酸酯的1/10。

耐沸水和水蒸气性能突出，含有质量分数20%短切纤维的FR-PP在水中煮1500 h其抗拉强度只降低10%，在温水中浸泡时则强度不变，但在高温、高强度的强酸、强碱、有机化合物中会使机械强度下降。聚丙烯中加入质量分数为30%的玻璃纤维复合后，其热变形温度显著提高，可达153 ℃(1.86 MPa)，已接近了纯聚丙烯的熔点，但是必须在复合时加入硅烷偶联剂。

②玻璃纤维聚酰胺(FR-PA)

聚酰胺比一般塑料的强度高，耐磨性好。但它的吸水率大，因而尺寸稳定性差。另外，它的耐热性也较低。用玻璃纤维增强的聚酰胺品种很多，如玻璃纤维增强尼龙6(FR-PA6)、玻璃纤维增强尼龙66(FR-PA66)、玻璃纤维增强尼龙1010(FR-PA1010)等。

玻璃纤维增强聚酰胺中，玻璃纤维的质量分数达到30%～35%时，其增强效果最为理想，它的抗拉强度可提高1.5倍，最突出的是耐热性提高的幅度最大。例如，尼龙 6 的使用温度为 120 ℃，而玻璃纤维增强尼龙 6 的使用温度可达到 170～180 ℃。在此温度下，材料往往容易产生老化现象，因此应加入一些热稳定剂。FR-PA 的线膨胀系数比 PA 降低了 1/5～1/4，含质量分数 30%玻璃纤维的 FR-PA6 的线膨胀系数为 0.22×10^{4} ℃$^{-1}$，接近金属铝的线膨胀系数(0.17～0.19)$\times10^{4}$ ℃$^{-1}$。另一特点是耐水性得到了改善。聚酰胺的吸水性直接影响其机械强度、尺寸稳定性和电绝缘性，随着玻璃纤维加入量的增加，其吸水率和吸湿速度则明显下降。如 PA6 在空气中饱和吸湿率为 4%，而 FR-PA6 则降到 2%，吸湿后的机械强度比 PA6 提高了 3 倍。FR-PA6 的电绝缘性也比纯 PA6 好，可以制成耐高温的电绝缘零件。

③玻璃纤维增强聚苯乙烯类塑料

聚苯乙烯类树脂多为橡胶改性树脂，如丁二烯-苯乙烯共聚物(BS)、丙烯腈-苯乙烯共聚物(AS)、丙烯腈-丁二烯-苯乙烯共聚物(ABS)等。这些聚合物在用长玻璃纤维或短切玻璃纤维增强后，其机械强度，耐高、低温性及尺寸稳定性均大有提高。例如，含有质量分数 20%玻璃纤维的 FR-AS 的抗拉强度比 AS 提高将近一倍，而且弹性模量也提高几倍；FR-AS 比 AS 的热变形温度提高了 10～15 ℃，而且随着玻璃纤维含量的增加，热变形温度也随之提高，使其在较高的温度下仍具有较高的刚度。此外，随着玻璃纤维含量的增加，其线膨胀系数减小，含有质量分数 20%玻璃纤维的 GR-AS 线膨胀系数与金属铝相接近。

脆性较大的 BS、AS，加入玻璃纤维后冲击强度提高了；韧性较好的 ABS，加入玻璃纤维后，韧性降低，抗冲击强度下降，直到玻璃纤维质量分数达到 30%后，冲击强度才不再下降，而达到稳定阶段，接近 FR-AS 的水平。复合时要加入偶联剂。

④玻璃纤维增强聚酯

聚酯作为基体材料主要有两种，即聚苯二甲酸乙二醇酯(PET)和聚苯二甲酸丁二醇酯(PBT)。

纯聚酯结晶性高，成型收缩率大，尺寸稳定性差，耐温性差，质脆。用玻璃纤维增强后，机械强度比其他玻璃纤维增强热塑性塑料均高，抗拉强度为 135～145 MPa，抗弯强度为 209～250 MPa，耐疲劳强度高达 52 MPa。*S-N* 曲线与金属一样，具有平坦的坡度。耐热性提高的幅度最大，PET 的热变形温度为 85 ℃，而 FR-PET 为 240 ℃，并仍能保持它的机械强度，是玻璃纤维增强热塑性塑料中耐热温度最高的一种。它的耐低温性能超过 FR-PA6，在温度高低交替变化时，物理机械性能变化不大。其电绝缘性能好，可用它制造耐高温电器零件。它在高温下耐老化性能好，胜过玻璃钢，尤其是耐光老化性能好。但在高温下易水解，使机械强度下降，不适于在高温水蒸气下使用。

⑤玻璃纤维增强聚碳酸酯(FR-PC)

聚碳酸酯是一种透明度较高的工程塑料,它的刚柔相兼的特性是其他塑料无法相比的,不足之处是易产生应力开裂、耐疲劳性差。加入玻璃纤维以后,FR-PC比PC的耐疲劳强度提高2～3倍,耐应力开裂性能提高6～8倍,耐热性提高10～20 ℃,线膨胀系数缩小,可制成耐热零件。

⑥玻璃纤维增强聚苯醚(FR-PPO)

聚苯醚熔融后黏度大,流动性差,加工困难,容易发生应力开裂。加入质量分数20%玻璃纤维的FR-PPO,其抗弯弹性模量比纯PPO提高2倍,加入质量分数30%玻璃纤维的FR-PPO则提高3倍,因此可用它制成高温高载荷的零件。

FR-PPO蠕变性很小,3/4的变形量发生在24 h之内,因此蠕变性的测定可在短期内得出估计数值。它耐疲劳强度很高,含质量分数20%玻璃纤维的FR-PPO,在23 ℃往复次数为2.5×10^6次的条件下,弯曲疲劳极限强度为28 MPa,玻璃纤维的质量分数为30%时,则可达到34 MPa。

FR-PPO的热膨胀系数接近金属的热膨胀系数,因此与金属配合不易产生应力开裂。它的电绝缘性在工程塑料中居首,且电绝缘性不受温度、湿度、频率等条件的影响。耐湿热性能良好,可在热水或有水蒸气的环境中工作,因此用它可制造耐热性的电绝缘零件。

⑦玻璃纤维增强聚甲醛(FR-POM)

玻璃纤维不但起到增强的作用,而且耐疲劳性和耐蠕变性有很大提高。含25%玻璃纤维的FR-POM的抗拉强度为纯POM的2倍,弹性模量为纯POM的3倍,耐疲劳强度为纯POM的2倍,在高温下仍具有良好的耐蠕变性,耐老化性很好。缺点是不耐紫外线照射,因此要再加入紫外线吸收剂;其耐磨性降低,可用聚四氟乙烯粉末作为填料加入聚甲醛中,或加入碳纤维来改善其耐磨性。

(4)高强度、高模量纤维增强塑料

高强度、高模量纤维增强塑料是以环氧树脂为基体,以各种高强度、高模量的纤维(包括碳纤维、硼纤维、芳香族聚酰胺纤维、各种晶须等)为增强材料的高强度、高模量纤维增强塑料。该材料的优点是密度小、强度高、模量高和热膨胀系数低。可采用模压法、缠绕法、手糊法制作,但缺点是价格比较贵。

①碳纤维增强塑料

碳纤维增强塑料是一种强度、刚度、耐热性均好的复合材料。碳纤维增强塑料密度小,比钢轻一半以上,比GFRP轻1/4。从车顶的挠曲度比较,GFRP车顶下沉近10 cm,钢车顶下沉2～3 cm,碳纤维增强塑料下沉小于1 cm。

抗冲击强度好，如用手枪在十步远的地方射向一块不到 1 cm 厚的碳纤维增强塑料板时，不会将其射穿。它的疲劳强度很大，而摩擦因数却很小，这方面性能均超过了钢材。耐热性也特别好，它可在 12000 ℃高温下经受 10 s，保持不变。

不足之处：价格昂贵，因而虽然有上述一些优良性能，但还只是应用于宇航工业；碳纤维与塑料的黏结性差，而且各向异性。目前使用碳纤维和晶须氧化来提高其黏结性，用碳纤维编织法来解决各向异性的问题。

②硼纤维增强塑料

硼纤维增强塑料是硼纤维增强环氧树脂，突出的优点是刚度好，它的强度和弹性模量均高于碳纤维增强塑料，是高强度、高模量纤维增强塑料。

③芳香族聚酰胺纤维增强塑料

芳香族聚酰胺纤维增强塑料的基体材料主要是环氧树脂，其次是热塑性塑料的聚乙烯、聚碳酸酯、聚酯等。其抗拉强度大于 GFRP，而与碳纤维增强塑料相似。耐冲击性超过了碳纤维增强塑料。自由振动的衰减性为钢筋的 8 倍，GFRP 的 4～5 倍。耐疲劳性比 GFRP 和金属铝都好。

④碳化硅纤维增强塑料

碳化硅纤维增强塑料是碳化硅纤维增强环氧树脂，碳化硅纤维与环氧树脂复合时不需要表面处理，黏结力就很强，材料层间剪切强度可达 1.2 MPa。抗弯强度和抗冲击强度为碳纤维增强塑料的 2 倍，如果与碳纤维混合叠层进行复合，会弥补碳纤维的缺点。

(5)其他纤维增强塑料

其他纤维增强塑料是指以石棉纤维、矿棉纤维、棉纤维、麻纤维、木质纤维、合成纤维等为增强材料，以各种热塑性塑料和固性塑料为基体的复合材料，应用也比较广。其中热固性酚醛塑料与纸、布、石棉、木片等纤维的复合材料，在电器工业方面作绝缘材料使用，在机械工业中制成各种机械零件。其中两种比较新型的是矿物纤维增强塑料和石棉纤维增强聚丙烯复合材料。

①矿物纤维增强塑料

目前应用较多的是矿物纤维（PMF）增强聚丙烯和增强聚酯。由于矿物纤维直径小，长径比为 40～60，与树脂的接触面大，因而定向性好，挠度扭曲小，其强度介于填料和玻璃纤维之间。在聚丙烯中加入 50%（质量分数）的矿物纤维，就可使其抗冲击强度提高 50%，热变形温度提高 14%，弯曲强度提高 53%。在聚丙烯中加入矿物纤维与加入碎玻璃的效果相同，但是其成本比碎玻璃降低了 1/3。

②石棉纤维增强聚丙烯复合材料

石棉纤维与聚丙烯复合以后，使聚丙烯的性能大为改观。断后伸长率由原来的200%变成10%；抗拉弹性模量是纯聚丙烯的3倍。其次是耐热性提高，纯聚丙烯的热变形温度为110 ℃(0.46 MPa)，而增强后为140 ℃。线膨胀系数缩小，成型加工时尺寸稳定性更好。

(6)聚合物基复合材料的应用

①在石油化工业中的应用

聚酯和环氧GFRP均可做输油管和储油设备，以及天然气和汽油GFRP罐车和贮槽。海上采油平台上的配电房用钢制骨架和硬质聚氨酯泡沫塑料加GFRP板组装而成，能合理利用平台的空间并减轻载荷，还有较好的热和电的绝缘性能。

在20世纪70年代，英国设计并生产了聚酯GFRP潜水器，还制造了蓄电池盒、电源插头等GFRP潜水电气部件，均已在水下120 m处工作了数十年。海上油田用的救生船、勘测船等，其船身、甲板和上层结构都是玻璃纤维方格布和间苯二甲酸聚酯成型的。海上油田的海水淡化及污水处理装置可用玻璃钢制造管道。

开采海底石油所需要的浮体，如灯标、停泊信标和驳船离岸的信标等，都可用GFRP制作。全部由GFRP制成的海上油污分离器，具有良好的耐海水和耐油性。

在化学工业生产中的冷却塔、大型冷却塔的导风机叶片可由GFRP制作，各种GFRP制成的贮槽、贮罐、反应设备泵、管道、阀门、管件等具有很好的耐蚀性。

发电厂锅炉送风机、轴流式风机，装GFRP叶片的比装金属叶片的离心式风机，平均每台每天节电2500千瓦时，一年可节电91万千瓦时，并延长了其使用的寿命。

②在建筑业中的应用

GFRP透明瓦是由一种聚酯树脂浸渍玻璃布压制而成的，主要用于工厂的采光顶棚，还可应用于货栈的屋顶、建筑物的墙板、太阳能集水器等。还可用GFRP制成饰面板、圆屋顶、建筑模板、门、窗框、洗衣机的洗衣缸、储水槽、管内衬、收集储罐和管道减阻器等。

③在铁路运输上的应用

可以用来制造内燃机车的驾驶室、车门、车窗、行李架、座椅、车上的盥洗设备、整体厕所等。

④在造船业中的应用

GFRP可制造各种船舶，如赛艇、游艇、救生艇、渔轮等。

⑤在冶金工业中的应用

冶金工业中常接触一些腐蚀性介质，因此要用耐蚀性好的容器、管道、泵、阀门等设备，这些均可用聚酯 GFRP、环氧 GFRP 制造。此外，在有色金属的冶炼生产中，采用的烟筒以钢材或钢筋混凝土作外壳，内衬 GFRP，或者是以钢材或钢筋混凝土作骨架的整体 GFRP 烟囱。这种烟囱耐温、耐腐蚀，且易于安装、检修。

⑥在汽车制造业中的应用

美国首先用 GFRP 制造汽车的外壳，此后，意大利、法国等许多著名的汽车公司也相继制造 GFRP 外壳的汽车。除制造汽车的外壳外，还可制造汽车上的许多零部件，如汽车底盘、车门、发动机罩以及驾驶室、仪表盘等。这种汽车制造方法简单、省工时、造价低、汽车自重轻、外观美、保温隔热效果好。

⑦在航空工业中的应用

利用 GFRP 透波性好的特点，制造飞机的雷达罩、机身、机翼、螺旋桨、起落架、尾舵、门、窗等。

1.2.4.2　金属基复合材料

金属基复合材料与金属材料相比，具有较高的比强度与比刚度；与陶瓷材料相比，它又具有高韧性和高冲击性能；与树脂基复合材料相比，它又具有优良的导电性与耐热性。

(1)金属基复合材料的种类

金属基复合材料是以金属为基体，以高强度的第二相为增强体而制得的复合材料。按基体来分类，可分为铝基复合材料、钛基复合材料、镍基复合材料等。按增强体来分类，则可分为颗粒增强复合材料、纤维增强复合材料、层状复合材料等。

①按基体分类

a. 铝基复合材料

铝基复合材料基体通常是铝合金。它具有良好的塑性和韧性、易加工性、工程可靠性及价格低廉等优点，比纯铝合金具有更好的综合性能。

b. 钛基复合材料

钛有很高的比强度，钛在中温时比铝合金能更好地保持其强度。因此，对飞机结构来说，当速度从亚音速提高到超音速时，钛比铝合金显示出了更大的优越性。随着速度的进一步加快，需采用更细的机翼和其他翼型，这就需要更高刚度的材料，而纤维增强钛基可满足这种对材料刚度的要求。钛基复合材料中最常用的增强体是硼纤维，这是由于钛与硼的热膨胀系数比较接近。

c. 镍基复合材料

镍基复合材料以镍及镍合金为基体。其高温性能优良，主要用于制造高温下工作的零部件。还被用来制造燃气轮机的叶片，可进一步提高燃气轮机的工作温度。

②按增强体分类

a. 颗粒增强复合材料

弥散的硬质增强相的体积分数超过 20% 的复合材料，其颗粒直径和颗粒间距一般大于 1 μm。在这种复合材料中，增强相是主要的承载相，而基体的作用在于传递载荷和便于加工，硬质增强相对基体的束缚作用能阻止基体屈服。

颗粒复合材料的强度除取决于颗粒的直径、间距和体积比外，基体性能也很重要。这种材料的性能还对界面性能及颗粒排列的几何形状十分敏感。

b. 纤维增强复合材料

金属基复合材料中的纤维，根据其长度的不同可分为长纤维、短纤维和晶须，他们均属于一维增强体，均表现出明显的各向异性特征。基体的性能对复合材料横向性能和剪切性能的影响，比对纵向性能影响更大。

c. 层状复合材料

层状复合材料是在韧性和成型性较好的金属基体材料中，含有重复排列的高强度、高模量片层状增强物的复合材料。片层的间距是微观的，在正常的比例下，材料按其结构组元看，可认为是各向异性的和均匀的。

层状复合材料的强度和大尺寸增强物的性能比较接近，而与晶须或纤维类小尺寸增强物的性能差别较大。由于薄片增强的强度不如纤维增强相高，因此层状结构复合材料的强度受到了限制。然而，在增强平面的各个方向上，薄片增强物对强度和模量都有增强效果，这与纤维单向增强的复合材料比，具有明显的优越性。

(2)金属基复合材料中增强体的要求

虽然各种复合材料中的增强体不同，但他们具有许多共性。纤维状增强物能够最有效地增强金属基体，这里将对此进行讨论。

①高强度

首先是为了满足复合材料强度的需要，其次还可使加工制造过程简单。

②高模量

对于金属基复合材料而言，这种性能是非常重要的。这是为了使纤维承载时，基体不致发生大的塑性流动。

③纤维的尺寸与形状

采用固相法制造的金属基复合材料，大直径的圆纤维更加合适。借助金属基体的塑性流动，纤维容易和基体结合，由于纤维的表面积小，化学反应程度也比较小。

④容易制造和价格低廉

这个条件对工业生产的要求是十分必要的。

⑤化学稳定性好

纤维的这种性能要求对不同的基体合金往往是不同的，但对所有纤维来说，在空气中的稳定性和对基体材料的稳定性都是很重要的。

⑥抗损伤和抗磨损性

有些脆性纤维对湿暴露或表面磨损特别敏感，对复合工艺不利。

⑦性能再现性与一致性

这对于脆性材料或高强度材料是非常重要的。复合材料的强度取决于纤维的束强度，这种束强度与每个纤维的强度有关，因此需使各个纤维的强度趋于一致。

E-玻璃纤维和 S-玻璃纤维具有优良的比强度和低成本，是树脂基的最重要的增强纤维。但这些纤维模量低且化学性质活泼，所以很少用来增强金属。钢丝、铝丝和钨丝等具有高强度和高韧性，还具有优良的高温蠕变性能，但比模量没有其他纤维高。

碳化硅纤维和碳化硼纤维的生产方法与硼纤维十分相似，都是在钨或碳的底丝上用化学气相沉淀生产的。这些沉淀物都是结晶体，对表面磨损十分敏感。碳化硅和碳化硼的结晶形成结构比硼纤维具有更好的抗蠕变性能，因此这些纤维主要作为高温增强材料。

石墨纤维或丝有优良的比模量和比强度，其弹性模量通常与高温石墨化程度有关，通常可达 240～250 GPa。但这种纤维和熔融金属有反应，使复合材料加工困难，应用受限。

(3)铝基复合材料

航空航天工业中需要大型的、重量轻的结构材料，例如波音 747 大型运输机、远距离通信天线、巨型火箭及宇航飞行器等。

①硼-铝复合材料

硼-铝复合材料综合了硼纤维优越的强度、刚度和低密度，以及铝合金基体的易加工性。由于增强纤维的作用使比模量得到改善。金属键结合的材料的比模量约为有机树脂的 10 倍，硼纤维的比模量约为钢、铝、铜和镁等材料的 5～6 倍。铝基体有较高的模量，基体模量高对防止纤维基体发生微观曲折是很重要的。在纤维受压时，这种微观曲折问题由于纤维直径小而更为严重，故细石墨纤维增强复合材料抗压强度低。

与树脂基复合材料相比，硼-铝的弹性模量更接近各向同性，而且其非轴向强度也较高。硼-铝复合材料的横向抗拉强度和剪切强度，大约与铝合金基体的强度相等，比树脂基材料高。此外，硼-铝复合材料有高的导电性和导热性、塑性和韧性、耐磨性、可涂覆性、连接性、成型性、可热处理性及不可燃性，高温性能和抗湿能力对于工程结构也是重要的。

②硼增强纤维

增强纤维的主要要求是比模量高、比强度高、性能重复性好、价格低以及易于制造。玻璃纤维强度较高、价格低廉，但它的比模量低，易与铝起反应。碳化硅纤维与铝的反应比硼小，并已作为硼纤维涂层使用；但其密度比硼高 30%，且强度较低。

硼纤维是用化学气相沉淀法在钨底丝上用氢还原三氯化硼制成的。将钨丝电阻加热到 1100～1300 ℃，并连续拉过反应器以获得一定厚度的硼沉积层，这样便在钨丝上沉积了颗粒状的无定形硼。目前大量供应的纤维有 140 μm 和 100 μm 两种直径，为了改进纤维的抗氧化性能，有的纤维带有碳化硅涂层。

由于硼纤维的表面具有高的残余压缩应力，因此纤维易操作处理，并对表面磨损和腐蚀不敏感，这是硼纤维的一项很有意义的特性。此外，硼纤维还具有良好的高温性能，它在 600 ℃时仍保持 75%的强度，在 600～700 ℃时的蠕变性能比钨还好。

③铝基体

硼纤维选择铝合金作为基体，是由于铝合金具有良好的综合性能，即较高的断裂韧性，较强的阻止纤维断裂处或劈裂处的裂纹扩展能力，较强的抗腐蚀性，较高的强度等。对于高温下使用的复合材料，还要求基体具有较好的抗蠕变性和抗氧化性。此外，基体应能熔焊或钎焊，而对于某些应用，还要求基体能采用复合蠕变成型技术。目前普遍使用的铝合金有变形铝、铸造铝、焊接铝及烧结铝等。某些合金已得到了成功的使用，其中，最普遍的是采用变形铝为基体、用固态热压法制得的复合材料。

(4)镍基复合材料

对于像制造燃气轮机零件这类用途，必须采用更耐热的镍、钴、钛基材料。由于制造和使用温度较高，制造复合材料的难度及纤维与基体之间反应的可能性都增加了。同时，对这类用途还要求有在高温下具有足够强度和稳定性的增强纤维。符合这些要求的纤维有氧化物、碳化物、硼化物和难熔金属。

由于高温合金大多数都是镍基的，因此镍也是优先考虑的基体。而增强物则以单晶氧化铝为主。它的突出优点是高弹性模量、低密度、纤维形态的高强度、高熔点、良好的高温强度和抗氧化性。

①蓝宝石晶须和蓝宝石杆

蓝宝石晶须是迄今所发现的强度最高的固体形态。由于表面越小，表面缺陷越少,故强度随尺寸减小而增加。在制造复合材料时,为了改善与金属的润湿性和便于制造,需用金属涂层。涂层厚度要小于 0.5 μm,以使涂层材料不致占去太大的增强物体积比。这样薄的金属涂层,在液态镍或镍合金中几秒钟就熔解了,不仅使晶须表面不湿润,还造成纤维强度下降,因此难以在铝基复合材料中采用液态渗透法来制造镍基复合材料。除此之外,蓝宝石晶须的制造成本太高,而且还很难把有缺陷的晶须同其他生长碎片淘汰掉。

蓝宝石杆的强度取决于其表面完整性。用火焰抛光法可制出几乎无表面缺陷的粗蓝宝石杆。这种蓝宝石杆具有同蓝宝石晶须相当的强度。由于每根蓝宝石杆都是单个制备的,且晶体生长、机械加工和抛光都很昂贵,因此不实用;但所生产的高强度、大尺寸蓝宝石,有利于对蓝宝石和镍合金相互作用的研究。

蓝宝石纤维和镍或镍铬合金,在使用温度下发生一定程度的反应,在表面上产生应力升高的缺陷,并使纤维强度降低,也使增强潜力减小。为了得到最高的纤维强度并在复合材料中充分利用它,就必须在纤维上涂覆防护层,来防止或阻滞纤维同基体合金的反应。

②镍基复合材料的制造和性能

制造镍基复合单晶蓝宝石纤维复合材料的主要方法是将纤维夹在金属板之间进行加热。运用热压法可成功制造 Al_2O_3-NiCr 复合材料。先在杆上涂一层 Y_2O_3,再涂一层钨。为加强防护和赋予表面以导电性,可以电镀相当厚的镍镀层。此层镍可以防止在复合材料叠层和加压过程中纤维与纤维的接触和最大限度地减少对涂层可能造成的损伤。经过这种电镀的杆放在镍铬合金薄板之间,板上有沟槽或者有焊上的镍铬合金丝或条带,以便使杆能很好地排列并保持一定的间距。在真空中,温度为 1200 ℃、压力为 41.4 MPa 的条件下进行热压。

(5)钛基复合材料

在一般材料中,钛合金的比强度最高;但由于活性的钛与硼发生剧烈的反应,使得早期在这方面的研究没能取得成功。随着相容性问题的逐渐解决,钛基复合材料又逐渐受到重视。

①相容性问题

研究发现,当硼纤维的体积分数仅为 12%时,就获得了有效的强化,其抗压强度增加了 4%;但在进行拉伸试验时,发现强度反而降低了。

由于钛基复合材料具有一定的应用前景,因此提出了 6 种方法解决相容性问题:最大限度减少反应的高速工艺;最大限度减少反应的低温工艺;研制最大限度减少反应的涂层;研制低活性的基体;选择具有较大反应容限的系列;设计上尽量减少强度降低的影响。

②钛基复合材料的发展前景

钛基复合材料的主要优点是工作温度较高，不需交叉叠层就可获得较高的非轴向强度，高的抗腐蚀性和抗损伤性，较小的残余应力，以及强度和模量的各向异性较小等。缺点是密度较大，制造困难和成本高。

研制能把所需要的钛合金基体均匀地涂覆在纤维上，代替昂贵的钛箔的方法，能解决制造成本问题，同时也是一种固定纤维间距的实际方法。影响制造成本最重要的参数就是狭窄的热压温度"窗"，相容性较好的系统可以提高这种温度"窗"的上限。如果复合材料能在较高的温度下压制，则使用压力就可降低。采用相容性较好的基体只是解决此问题的方法之一。另一种方法是发展连续制造法。其优点一是在压制温度下，保持的时间可以连续减少，所以可用较高的温度来压制；二是复合材料可以局部加工，从而减少固结压力，是一种很有前途的制造方法。

(6)石墨纤维增强金属基复合材料

由于碳纤维和石墨纤维的强度高，刚度高，弹性模量约为 380 GPa，密度低，因此，大规模生产时具有降低成本的潜力。现在石墨纤维增强金属基复合材料还处于实验室阶段。石墨纤维与许多金属缺乏化学相容性，同时在制备时还存在一些问题。就目前的情况看，铝、镁、镍和钴同石墨的相容性较好，而钛由于易形成碳化物，必须在基体和纤维之间加上一层稳定的扩散阻挡层隔开钛和石墨。

石墨增强的铜、铝和铅类金属具有高的强度及导电性、低的摩擦系数和高的耐磨性。石墨-铝、石墨-铅、石墨-锌复合材料有可能成为轴承材料。石墨-铜和石墨-铝复合材料可作为高强度的导电材料。

1.2.4.3　陶瓷基复合材料

(1)陶瓷基复合材料的基体与增强体

现代陶瓷材料具有耐高温、耐磨损、耐腐蚀及重量轻等许多优良的性能；但有致命的弱点——脆性。因此，往陶瓷材料中加入起增韧作用的第二相而制成陶瓷基复合材料。

①陶瓷基复合材料的基体

复合材料的基体为陶瓷，属于无机化合物；陶瓷材料的化学键是介于离子键与共价键之间的混合键。

②陶瓷基复合材料的增强体

陶瓷基复合材料中的增强体，通常也称为"增韧体"。按几何尺寸可分为纤维、颗粒和晶须三类。

a. 碳纤维

碳纤维是用来制造陶瓷基复合材料最常用的纤维之一。碳纤维可用多种方法进行生产。其生产过程包括三个主要阶段:在空气中于200～400 ℃进行低温氧化;在惰性气体中于1000 ℃左右进行碳化处理;在惰性气体中于2000 ℃以上的温度作石墨化处理。

碳纤维常规的品种主要有两种,即高模量型,它的拉伸模量约为400 GPa,拉伸强度约为1.7 GPa;低模量型,拉伸模量约为240 GPa,拉伸强度约为2.5 GPa。碳纤维主要用在强度、刚度、重量和抗化学性作为设计参数的构件,在1500 ℃的温度下,碳纤维仍能保持其性能不变,但必须进行有效的保护,以防止它在空气中或氧化性气氛中被腐蚀。

b. 硼纤维

硼纤维是用化学沉积法将无定形硼沉积在钨丝或者碳纤维上形成的。实际结构的硼纤维中,由于缺少大晶体结构,使其强度仅为晶体硼纤维的一半左右。

c. 玻璃纤维

玻璃的组成可在一个很宽的范围内调整,因而可生产出具有较高弹性模量的品种。这些特殊品种的纤维通常需要在较高的温度下熔化后拉丝,成本较高,但可制造一些有特殊要求的复合材料。

d. 颗粒增强体

从几何尺寸上看,颗粒增强体在各个方向上的长度是大致相同的,一般为几个微米。通常用得较多的颗粒也是碳化硅、氧化铝及氮化硅等。增韧效果虽不如纤维和晶须,但如颗粒种类、粒径、含量及机体材料选择适当,仍会有一定的韧化效果。

e. 晶须

晶须为具有一定长径比的小单晶体。从结构上看,晶须没有微裂纹、错位、空洞和表面损伤等缺陷,而这些缺陷却在大块晶体中大量存在,且是促使大块晶体强度下降的主要原因。在陶瓷基复合材料中使用较为普遍的是碳化硅、氧化铝及氮化硅晶须。

(2)纤维增强陶瓷基复合材料

按纤维排布方式,可将其分为单向排布长纤维复合材料和多向排布纤维增韧复合材料。

①单向排布长纤维复合材料

单向排布长纤维增韧陶瓷基复合材料具有各向异性。由于在实际的构件中主要是使用其纵向性能,在这种材料中,当裂纹扩展遇到纤维时会受阻,这样要使裂纹进一步扩展就必须提高外加应力。外加应力进一步提高时,基体与纤维间的界面会离解,由于纤维的强度高于基体的强度,从而使纤维可以从基体中拔出。当拔出的长度达到某一临界值时,纤维发生断裂。即裂纹的扩张必须克服拔出功和断裂功,使材料的断裂更为困难,从而起到了增韧的作用。

②多向排布纤维增韧复合材料

许多陶瓷构件要求在二维及三维方向上均具有优良的性能。二维多向排布纤维增韧复合材料中纤维的排布方式有两种:一种是纤维分层单个排布,层间纤维成一定角度;另一种是将纤维编织成纤维布,浸渍浆料后根据需要的厚度,将单层或若干层进行热压烧结成型,这种材料在纤维排布平面的二维方向上性能优越,而在垂直于纤维排布面方向上的性能较差。前一种复合材料可以根据构件的形状,用纤维浸浆缠绕的方法做成所需要形状的壳层状构件,而后一种材料成型板状构件曲率不宜太大。

三维多向排布纤维增韧陶瓷基复合材料,最初是从宇航用三向碳/碳复合材料开始的,它是按直角坐标将多束纤维分层交替编织而成,每束纤维呈直线伸展,不存在相互交缠和绕曲,使纤维可充分发挥最大的结构强度。这种编织结构还可以通过调节纤维束的根数和股数、相邻束间的间距、织物的体积密度,以及纤维的总体积分数等参数进行设计,以满足性能要求。

(3)晶须和颗粒增强陶瓷基复合材料

长纤维增韧陶瓷基复合材料虽然性能优越,但它的制备工艺复杂,而且纤维在基体中不易分布均匀。近年来又发展了短纤维、晶须及颗粒增韧陶瓷基复合材料。

①晶须

晶须的尺寸很小,客观上与粉末一样,因此在制备复合材料时,只需将晶须分散后与基体粉末混合均匀,然后对混合好的粉末进行热压烧结,即可制得致密的晶须增韧陶瓷基复合材料。常用的是碳化硅、氧化铝及氮化硅晶须。

②颗粒

晶须具有长径比,当其含量较高时,因其桥架效应而使致密化变得困难,从而引起密度的下降并导致性能的下降。采用颗粒来代替晶须制成复合材料,这在原料色混合均匀化及烧结致密化方面,均比晶须增强陶瓷基复合材料要容易。当颗粒为碳化硅、碳化钛时,基体材料采用最多的是氧化铝、氮化硅。这些复合材料已被广泛用来制造刀具。

(4)陶瓷基复合材料的应用

陶瓷基复合材料在工业上得到了广泛的应用。它的最高使用温度主要取决于基体特性,其工作温度按下列基体材料依次提高:玻璃、玻璃陶瓷、氧化物陶瓷、非氧化物陶瓷、碳素材料。

陶瓷基复合材料已实用化或即将实用化的领域包括:刀具、滑动构件、航空航天构件、发动机构件、能源构件等。法国将长纤维增强碳化硅复合材料应用于制作超高速列车的制动件。在航空航天领域，用陶瓷基复合材料制作的导弹的头锥、航天飞机的结构等也收到了良好的效果。

热机的循环压力和循环气体的温度越高，其热效率也就越高。现在普遍使用的燃气轮机高温部件还是镍基合金或钴基合金，它可使汽轮机的进口温度高达 1400 ℃，但这些合金的耐高温极限受到了其熔点的限制，因此采用陶瓷材料来代替高温合金已成了目前研究的一个重点内容。为此，美国、德国、瑞典等国进行了研究开发。

1.2.4.4 水泥基复合材料

水泥的种类很多，按其用途和性能分为通用水泥、专用水泥及特性水泥三大类。通用水泥是用于大量土木建筑工程的一般水泥，如普通硅酸盐水泥、矿渣硅酸盐水泥、火山灰质硅酸盐水泥和粉煤灰硅酸盐水泥等。专用水泥则指有专门用途的水泥，如油井水泥、砌筑水泥等。特性水泥的某种性能比较突出，如快硬硅酸盐水泥、低热矿渣硅酸盐水泥、抗硫酸盐硅酸盐水泥、膨胀硫酸铝酸盐水泥、自应力铝酸盐水泥、铝酸盐水泥、硫铝盐水泥、氟铝酸盐水泥、铁铝酸盐水泥，以及少熟料或无熟料水泥等。目前水泥品种已达 100 余种。

(1)水泥基复合材料的种类及基本性能

一般水泥由硅酸钙化合物：50％(质量分数，下同)硅酸三钙石、25％二钙硅酸盐，孔隙相物质：9％铝酸盐相、9％铁酸盐相及 3％～4％石膏组成。

水泥基复合材料是指以水泥为基体，与其他材料组合而得到的具有新性能的材料。按所掺材料的分子量来划分，可分为聚合物水泥基复合材料和小分子水泥基复合材料。

①混凝土

混凝土是由胶凝材料，水和粗、细集料按适当比例拌和均匀，经浇捣成型后硬化而成的。通常所说的混凝土，是指以水泥、水、砂和石子所组成的普通混凝土，是建筑工程中最主要的建筑材料之一。

在混凝土中，水和水泥拌成的水泥浆是起胶结作用的组成部分。在硬化前的混凝土中，也就是混凝土拌和物中，水泥浆填充砂、石空隙并包裹砂、石表面，起润滑作用，使混凝土获得施工时必要的和易性；在硬化后，则将砂、石牢固地胶结成整体。砂、石集料在混凝土中起着骨架作用，一般称为“骨料”。

②纤维增强水泥基复合材料

水泥混凝土制品在压缩强度、热性能等方面具有优异的性能，但抗拉能力差。为了克服这一缺点，可掺入纤维材料。

另外，可用硅酸盐水泥、高铝矿渣水泥等作为基体材料制成水泥浆体，用粉煤灰、矿渣之类的掺合料来代替部分水泥可很大程度地提高基体的体积稳定性，而且也有可能提高纤维增强水泥基复合材料的耐气候性。就玻璃纤维而言，这种纤维对水化硅酸盐水泥的侵蚀十分敏感，而砂和粉煤灰却可以吸收释放出的氢氧化钙来生成水化硅酸钙，从而提高了复合材料的耐久性。

只有纤维的弹性模量大于基体的弹性模量时，纤维才可分担整个复合材料中更多的负荷水平。因此，要求所选用的纤维具有较高的弹性模量。纤维增强水泥基复合材料中，纤维的掺入可显著提高混凝土的极限变形能力和韧性，从而大大改善水泥浆体的抗裂性和抗冲击能力。使用分散短纤维的增强效果要比连续长纤维的效果差，但因施工方便，故应用较多。

③聚合物改性混凝土

对混凝土最基本的力学性能（刚度大、柔性小，抗压强度远大于抗拉强度）的改善，即降低混凝土的刚性，提高其柔性，降低抗压强度与抗折强度的比值，需要借助于向混凝土中掺加外加剂，在大多数情况下是掺加聚合物。

聚合物应用于水泥混凝土主要有三种方式：聚合物混凝土、聚合物浸渍混凝土以及聚合物水泥混凝土。

a. 聚合物混凝土

聚合物混凝土是以聚合物为结合料，与砂石等骨料形成混凝土。把聚合物单体与粗骨料拌和，通过单体聚合物把粗骨料结合在一起，形成整体，这种聚合物混凝土可用预制或现浇的方法施工。聚合物混凝土有良好的力学性能、耐久性和普通混凝土无法比拟的某些特殊性质，如速凝等，可用于抢修等特殊用途，也可用于喷射混凝土。聚合物混凝土所用的聚合物有环氧树脂、脲醛树脂、糠醛树脂，聚合链上接有苯乙烯的聚酯等。

b. 聚合物浸渍混凝土

聚合物浸渍混凝土是把成型的混凝土的构件，通过干燥及抽真空排出混凝土结构孔隙中的水分及空气，然后把混凝土构件浸入聚合物单体溶液中，使得聚合物单体溶液进入结构孔隙中，通过加热或施加射线，使得单体在混凝土结构孔隙中聚合形成聚合物结构。这样聚合物就填充了混凝土的结构孔隙，并改善了混凝土的微观结构，从而使其性能得到了改善。

聚合物浸渍混凝土与普通混凝土相比，抗拉强度可提高近3倍，抗压强度可提高3倍，抗破裂模量可增加近3倍，弹性模量可提高1倍，抗折弹性模量增加近50%，弹性变形减少90%，硬度增加超过70%，渗水性几乎变为零，吸水性大大降低。

聚合物浸渍混凝土具有良好的力学性能、耐久性及抗侵蚀能力，常用于受力的混凝土及钢筋混凝土结构构件，以及对耐久性和抗侵蚀要求较高的地方。但是聚合物浸渍工艺复杂，成本较高，混凝土构件需预制，且构件尺寸受到限制。

c. 聚合物水泥混凝土

聚合物水泥混凝土是在水泥混凝土成型过程中掺入一定量的聚合物，从而改善混凝土的性能，提高混凝土的使用品质，使混凝土满足工程的特殊需要。因此，聚合物水泥混凝土更确切地应称为"聚合物改性水泥混凝土"或"高聚物改性混凝土"。聚合物改性水泥混凝土使水泥混凝土的力学性能得到了改善，尤其是抗折强度提高，而抗压强度降低，抗压强度/抗折强度的比值减小；混凝土的刚性或者说脆性降低，变形能力增大；混凝土的耐久性与抗侵蚀能力也有一定程度的提高。由于聚合物改性水泥混凝土良好的黏结性，特别适合于破损水泥混凝土的修补工程；完全适应现有的水泥混凝土制造工艺工程，成本相对较低。

用于水泥混凝土改性的聚合物的形态，可以是聚合物单体、聚合物乳液或聚合物粉末，但最常用或者说使用最方便、改性效果最好的是聚合物乳液。所使用的聚合物乳液有聚氯乙烯乳液、聚苯乙烯乳液、聚乙烯乙酸酯乳液、聚丁烯酚酯乳液及乳液化的环氧树脂等。

用聚合物改性是在水泥砂浆或水泥混凝土拌和成型时拌入聚合物乳液（大多情况下是乳液与水先拌和然后再与集料拌和），聚合物乳液在水泥混凝土凝结硬化过程中脱水，在混凝土中形成结构，并可能影响水泥的水化过程及水泥混凝土的结构，从而对水泥砂浆或水泥混凝土的性能起到改善作用。聚合物可以是单聚体、双聚体或多聚体。聚合物乳液中包括聚合物、乳体剂、稳定剂等，固体含量一般为40%～50%。

聚合物粉末改性方法是在混凝土拌和过程中加入干聚合物粉末，在混合料与水拌和后，干粉末遇水后变为乳液，从而与聚合物乳液的作用过程相似，对水泥混凝土起改性作用。

水溶性聚合物，诸如纤维素衍生物及聚乙烯等，在水泥混凝土拌和过程中可少量加入。由于其为表面活性物质，可用来改善水泥混凝土的工作性。实际上起减水剂的作用，从而对混凝土的性能也有一定的改善作用。

液体树脂改性是在水泥砂浆或水泥混凝土拌和过程中，加入热固性的预聚物或半聚物液体。聚合物单体改性是在水泥砂浆或水泥混凝土拌和时加入聚合物单体，在水泥混凝土凝结硬化中进一步聚合，完成全部聚合过程，从而改善水泥混凝土的性能。

(2)水泥基复合材料的应用

①混凝土的应用

掺入粉煤灰的混凝土称为"粉煤灰混凝土"。粉煤灰混凝土广泛用于工业与民用建筑工程和桥梁、道路、水工等土木工程。

②纤维增强混凝土的应用

以耐碱玻璃纤维砂浆、碳素纤维砂浆等为主要研究对象。被公认为有前途的增强纤维，有钢纤维和玻璃纤维两种，耐碱玻璃纤维将来可能成为石棉的代用品。聚丙烯和尼龙等合成纤维对混凝土裂缝扩展的约束能力很差，对增加抗拉强度无效，但抗冲击能力十分优良。就抗弯强度而论，碳素纤维的增强效果介于钢纤维和耐碱玻璃纤维之间。在各种纤维材料中，钢纤维对混凝土裂缝扩展的约束能力最好，它对于抗弯、抗拉强度也最有效，钢纤维增强混凝土的韧性最好。用钢纤维增强的同时用聚合物浸渍混凝土，既具有普通混凝土所没有的延伸变形随从性，又具备超高的强度。

纤维增强混凝土可做内外墙体，如隔断、窗间墙等；做模板，如楼板的底模、梁柱模、各种被覆层；做土木设施，如挡土墙、电线杆、排气塔、通风道、净化池、贮仓等；做小型船舶、游艇、甲板等；做隧道内衬、表面喷涂、消波用砌体；以及其他用途，如耐火墙、隔热墙、遮音墙等。

③聚合物改性水泥混凝土的应用

聚合物改性水泥混凝土的性能优良，可用于制造甲板铺面，可在工厂制成预制板，然后铺砌，缩短施工工期。

聚合物改性水泥混凝土具有良好的防水性质，在桥梁道路路面层得到了大量的使用，可省去常规施工过程中为黏结及防水所必需的工艺过程。聚合物改性水泥混凝土具有较强的抗折能力及较大的抗拉伸性。聚合物水泥混凝土预应力混凝土预应力结构可应用于化学工业生产中的承重和防护建筑，也适用于水利、能源及交通行业中在干湿交替作用下的工程结构。

聚合物改性水泥砂浆及改性水泥混凝土有良好的黏结性能，被广泛地用于修补工程中，新拌聚合物水泥混凝土浆体中的聚合物会渗透进入旧有混凝土的孔隙中。聚合物改性水泥混凝土硬化收缩较小，刚度小，变形能力大，其硬化引起的收缩而产生的剪应力及破坏裂缝较少，对新旧混凝土之间的结合部位起到了一定的密封作用，提高了界面处的抗腐蚀能力。

1.2.4.5 碳/碳复合材料

碳/碳复合材料是由碳纤维或各种碳织物增强碳，或石墨化的树脂碳（或沥青），以及化学气相沉淀积（CVD）碳所形成的复合材料，是具有特殊性能的新型材料，也称“碳纤维增强碳复合材料”。碳/碳复合材料由树脂碳、碳纤维和热解碳结构组成，能承受极高的温度和极大的加热速率。在机械加载时，碳/碳复合材料的变形与延伸都呈现出假塑性性质，最后以非脆性方式断裂。它抗热冲击和抗热诱导能力极强，且具有一定的化学惰性。

(1)坯体制作

在沉碳和浸渍树脂或沥青之前，增强碳纤维或其织物应预先成型为一种坯体。坯体可通过长纤维(或带)缠绕，碳毡、短纤维模压或喷射成型，石墨布置层的Z向石墨纤维针刺增强以及多向织物等方法制得。

碳毡可由人造丝毡碳化或聚丙腈预氧化、碳化后制得。碳毡叠层后，可用碳纤维的方向三向增强，制得三向增强毡。碳纤维长丝或带缠绕法和GFRP缠绕方法一样，可根据不同的要求和用途选择缠绕方法。用碳布或石墨纤维布置层后进行针刺，可用空心细径钢管针刺引纱，也可用细径金属棒穿孔引纱。碳纤维也可与石墨纤维混编。

碳/碳复合材料的碳基体可以从多种碳源采用不同的方法获得，典型的基体有树脂碳和热解碳，前者是合成树脂或沥青经碳化和石墨化而得，后者是由烃类气体的气相沉积而成。也可以是这两种碳的混合物。其加工工艺方法有：

①把来源于煤焦油和石油的熔融沥青在加热加压条件下浸渍到碳/石墨纤维结构中去，随后进行热解和再浸渍。

②有些树脂基体在热解后具有很高的焦化强度，如有几种牌号的酚醛树脂和醇树脂，热解后的产物能很有效地渗透进较厚的纤维结构，热解后需进行再浸渍、再热解，反复若干次。

③通过气相(通常是甲烷和氮气，有时还有少量氢气)化学沉积法，在热的基质材料上形成高强度热解石墨。也可以把气相化学沉积法和上述两种工艺结合起来，以提高碳/碳复合材料的物理性能。

④把由上述方法制备的多孔状的碳/碳复合材料，在能够形成耐热结构的液体单体中浸渍，也是一种精制方法。可选用的这类单体很有限，由四乙烯基硅酸盐和强无机酸催化剂组成的渗透液将会产生具有良好耐热性的硅氧网络。硅树脂也可以起到同样的作用。

(2)碳/碳复合材料的特性

①力学性能

碳/碳复合材料不仅密度小，而且抗拉强度、弹性模量、挠曲强度也高于一般碳素材料，碳纤维的增强效果十分显著。在各类坯体形成的复合材料中，长丝缠绕和三向织物制品的强度高，其次是毡/化学气相沉积碳的复合材料。

碳/碳复合材料属于脆性材料，其断裂应变较小。但是，其应力应变曲线呈现出“假塑性效应”，曲线在施加负荷初期呈现出线性关系，但后来变为双线性。去负荷后，可再加负荷至原来的水平。假塑性效应使碳/碳复合材料在使用过程中可靠性更高，避免了目前宇航中常用的ATI-S石墨的脆性断裂。

②热物理性能

碳/碳复合材料在温度变化时具有良好的尺寸稳定性，其膨胀系数小，高温下热应力小。热导率比较高，室温时为1.59～1.88 W/(m·K)，当温度为1650 ℃时，则降到0.43 W/(m·K)。碳/碳复合材料的这一性能可以进行调节，形成具有内外密度梯度的制品。内层密度小，热导率低；外层密度大，抗烧蚀性能好。碳/碳复合材料的比热容高，其值随温度上升而增大，因而能储存大量热能。

在高温和高加热速率下，材料在厚度方向存在着很大的热梯度，使其内部产生巨大的热应力。当这一数值超过材料固有的强度时，材料会出现裂纹。材料对这种条件的适应性与其抗热振因子大小有关。碳/碳复合材料的抗热振因子相当大，为各类石墨制品的1～40倍。

③烧蚀性能

碳/碳复合材料暴露于高温和快速加热的环境中，由于蒸发升华和可能的热化学氧化，其部分表面可被烧蚀。但其表面的凹陷浅，良好地保留了其外形，且烧蚀均匀而对称，常用作放热材料。

碳/碳复合材料的表面烧蚀温度高。在这样的高温度下，通过表面辐射除去了大量热量，使传递到内部的热量相应地减少。

碳/碳复合材料的有效烧蚀热比高硅氧/酚醛高1～2倍。线烧蚀率低，材料几乎是热化学烧蚀；但在过渡层附近，80%左右的材料是因机械剥蚀而损耗，材料表面越粗糙，机械剥蚀越严重。三向正交细编的碳/碳复合材料的烧蚀率较低。

④化学稳定性

碳/碳复合材料除含有少量的氢、氮和恒量的金属元素外，几乎99%以上都是由元素碳组成。因此它具有和碳一样的化学稳定性。

碳/碳复合材料耐氧化性能差。为了提高其耐氧化性，可在浸渍树脂时加入抗氧化物质，或在气相沉积碳时加入其他抗氧元素，或者用碳化硅涂层来提高其抗氧化能力。

碳/碳复合材料的力学性能比石墨高得多，热导率和膨胀系数却比较小，高温烧蚀率在同一数量级。已制成的T-50-211-44三向正交细编碳/碳复合材料，克服了各向异性的问题，膨胀系数也更小，是一种较为理想的热防护和耐烧蚀材料，已得到广泛的应用。

(3)碳/碳复合材料的应用

①航空航天工业

洲际导弹、载人飞船等飞行器以高速返回地球通过大气层时，某些部位温度高达 2760 ℃。烧蚀放热是利用材料的分解、解聚、蒸发、汽化及离子化等化学和物理过程带走大量热能,并利用消耗材料本身来换取隔热效果。同时,也可在一系列的变化过程中形成隔热层,使物体内部温度不致升高。碳/碳复合材料的烧蚀性能极佳,由于物质相变吸收大量的热能,挥发产物又带走大量热能,残留的多孔碳化层也起到隔热作用,阻止热量向内部传递,从而起到隔热防热作用。

20 世纪 50 年代,火箭头锥就以高应变的 ATJ-S 石墨材料制成,但石墨属脆性材料,抗热振能力差。而碳/碳复合材料不仅具有高比强度、高比模量、耐烧蚀性,而且还具有传热、导电、自润滑、本身无毒等特点,以及极佳的低烧蚀率、高烧蚀热、抗热振性、优良的高温力学性能,是苛刻环境中有前途的高性能材料。

利用碳/碳复合材料摩擦因数小和热容大的特点可以制成高性能的飞机制动装置,使飞机速度达每小时 250～350 km,使用寿命长,也可减轻飞机重量。目前已用在 F-15、F-16 和 F-8 战斗机和协和民航机的制动盘上。

②化学工业

碳/碳复合材料主要用于耐腐蚀设备、压力容器和密封填料等。

③汽车工业

汽车工业是今后大量使用碳/碳复合材料的产业之一。由于汽车的轻量化要求,碳/碳复合材料是理想的材料。例如,发动机系统的推杆、油盘和水泵叶轮等,传动系统的传动轴、变速器、加速装置及其罩等,底盘系统的底盘和悬置件、横梁和散热器等,车体的车顶内外衬、侧门等,都可考虑使用。

④医疗方面

碳/碳复合材料对生物体的相容性好,可在医学方面作骨状插入物以及人工心脏瓣膜阀体。

⑤电子、电器工业

碳/碳复合材料是优良的导电材料,利用它的导电性能可制成电吸尘装置的电极板、电池的电极、电子管的栅极等。例如,在制造碳电极时,加入少量碳纤维可使其力学性能和电性能都得到提高。用它作送话器的固定电极时,其敏感度特性比碳块制品要好得多,和镀金电极的特性接近。

1.2.4.6 混杂纤维复合材料

(1)混杂纤维复合材料的含义

混杂复合材料从广义上讲,包括的类型非常广。就增强剂而言,可以是两种连续纤维单向增强,也可以是两种纤维混杂编织、两种纤维混杂增强、两种粒子混杂增强以及纤维与粒子混杂增强等。当前增强剂的混杂,主要还是指连续纤维的单向混杂增强与混杂编织物增强。从基体来说,可以是树脂基体,也可以是各种树脂聚合物混合基体、金属基体，以及各种陶瓷、玻璃等非金属基体。

目前我们主要研究的混杂纤维复合材料，是指由两种或两种以上的连续增强纤维增强同一种树脂基体的复合材料。这种复合材料，由于两种纤维的协调匹配，取长补短，不仅有较高的模量、强度和韧性，而且可获得合适的热学性能，从而扩大结构设计的自由度及材料的适用范围；另外，还可以减轻重量、降低成本、提高经济效益。

(2)混杂纤维复合材料的性能

混杂纤维复合材料的性能，不仅与材料的组分和含量有关，而且还与工艺设计及结构设计有关。

①提高并改善复合材料的某些性能

通过两种或多种纤维、两种或多种树脂基体混杂复合，依据组分的不同、含量的不同、复合结构类型的不同可得到不同的混杂复合材料，以提高或改善复合材料的某些性能。

a. 增强复合材料的韧性和强度

混杂复合材料可使韧性及强度提高。碳纤维复合材料冲击强度低，在冲击载荷下呈明显的脆性破坏模式。如在该复合材料中用15%的玻璃纤维与碳纤维混杂，其冲击韧性可以得到改善，冲击强度可提高2～3倍。同时纤维混杂也可使拉伸强度及剪切强度都相应提高。其拉伸强度提高的理论依据有两种：一种是裂纹理论；另一种是纤维束理论。

b. 提高混杂纤维复合材料的耐疲劳性能

用具有高疲劳寿命的纤维来改进低疲劳寿命纤维的性能。例如，玻璃纤维复合材料疲劳寿命为非线性递减，若引入50%(质量分数)的具有很强的耐疲劳性能的碳纤维，其循环应力会有较大提高；引入66%的碳纤维，其寿命接近单一的碳纤维复合材料。

c. 增大材料的弹性模量

例如，玻璃纤维复合材料的弹性模量一般较低，引入50%的碳纤维作为表层，复合成夹心形式，其弹性模量可达到碳纤维复合材料的90%。这对于制造不易失稳破坏的大型薄壳制件很有意义。

d. 使材料的热膨胀系数几乎为零

例如，碳纤维、凯芙拉纤维等沿轴向具有负的热膨胀系数，若与具有正的热膨胀系数的纤维混杂，可能得到预定热膨胀系数的材料，甚至为零膨胀系数的材料。这种材料对飞机、卫星、高精密设备的构件非常重要。如探测卫星上的摄像机支架系统就是由零膨胀系数的混杂纤维复合材料制造的。

e. 混杂纤维复合材料能使破坏应变得到改善

如碳纤维复合材料具有较低的破坏应变，为了提高这种破坏应变，可引入玻璃纤维。由于混杂效应的原因，碳纤维复合材料破坏应变可提高40%。

f. 混杂纤维复合材料具有各向异性

由于各种纤维结合的方式不同，因此，混杂纤维复合材料还具有各向异性。另外，异种材料复合的复合材料，振动衰减性要比原来的均质材料大。两种纤维混杂的复合材料，其振动衰减性增加更大。高精度的铣床若采用混杂复合材料，既可以减重，又可以吸收高频振动。

g. 其他性能

混杂纤维复合材料也可改善材料的其他性能，如耐老化性、耐蚀性和导电性。例如，玻璃纤维复合材料虽属电绝缘材料，但它有产生静电而带电的性质，因此不适宜用来制造电子设备的外壳。碳纤维是导电、非磁性材料，用两种纤维混杂可有除电及防止带电的作用。而且玻璃纤维复合材料有电波的透过性，碳纤维有导电性。两者混杂可用于电视天线，以解决电子设备的电波障碍及无线电工作室的屏蔽。

②使构件设计自由度扩大的性能

由于混杂复合材料构件工艺实现的可能性超过单一纤维复合材料，相应又进一步扩大了构件的设计自由度。如高速飞机机翼，由玻璃纤维复合材料制造，则刚度除翼尖外都能满足，为解决翼尖的刚度不足，可以求助于混杂纤维复合材料，即在翼尖处增加或换成部分碳纤维，较容易达到设计要求。

③使结构设计与材料设计统一的性能

混杂纤维复合材料与单一纤维复合材料比较，更突出了材料与结构的统一性。混杂纤维复合材料可以根据结构的使用性能要求，通过不同类型纤维的相对含量、不同的混杂方式进行设计。

有时要求材料兼备力学性能与透电磁波性能、力学性能与水下透声的性能、力学性能与隐身性能等。航空航天飞行器、先进的远程导弹往往需要材料与结构同时具有承力、抗烧蚀、抗粒子云、抗激光、抗核能、吸波、隔热等性能。对材料与结构的这种要求，一般单一材料是不可能满足的，对混杂纤维复合材料进行规律性的研究和开发，为结构设计与材料设计统一提供了途径。

④降低材料的成本

碳纤维的价格比玻璃纤维的国内价格高20～30倍，比国外的价格高10～20倍。因此，在性能允许的情况下，用价格低的纤维取代部分高价纤维是降低制品成本的有效途径。混杂复合材料可以改进制品的结构、性能、工艺以及降低能耗、节约工时等,可获取更大的经济效益。

(3)混杂纤维复合材料的应用

混杂纤维复合材料是复合材料大家族中的优秀代表。它除了具有一般复合材料的特点外,还有其他复合材料不可与之相比的许多优点,自开发以来,一直受到人们的普遍重视。混杂复合材料无论作为结构材料还是作为功能材料,不仅已广泛地应用于航空航天工业、汽车工业、船舶工业等领域,而且还作为优良的建筑材料、体育用品材料、医疗卫生材料等被广泛地采用。

事实证明,混杂复合材料在应用中,不仅可方便地满足设计性能上的要求,而且还可以降低产品成本、减轻产品重量、延长产品寿命、提高经济效益。

1.3 机敏材料和智能材料

1.3.1 机敏材料和智能材料的概念

智能材料(Intelligent Materials,IM)是指具有对环境感知、响应和处理,并能适应环境的特征的材料。它是一种融材料技术和信息技术于一体的新概念功能材料。

目前,对智能材料虽然尚无统一的定义,但普遍认为智能材料应同时具备传感(Sensing)、处理(Processing)和执行(Actuation)三种基本功能。这三种基本功能的内涵也还没有统一的界定,大体归纳如下:

(1)传感功能。首先是对所处环境条件及其变化的感知,环境条件包括力、光、电、声、磁、热等物理条件、化学条件和生物条件。其次是把环境条件及其变化转化为某种讯号传导给处理器。

(2)处理功能。包括信息积累、识别、比较、诊断、综合、判断和作出相应的反应,然后把反应转化为指令,传达给执行器。

(3)执行功能。包括报警、自检测、自诊断、自监控、自校正、自适应、自分解、自增殖、自修复、自净化、自愈合和自学习等。

机敏材料的英文原名为 Smart Material(简称 SM),它的另一种译名为"灵巧材料"。目前对机敏材料也没有统一的定义。有人认为机敏材料就是智能材料,两者之间并无差别,只是名称不同。有人认为机敏材料只有传感和执行两种基本功能,比智能材料少一个处理功能。从聪明程度来看,智能材料比机敏材料至少要高出一个数量级。机敏材料可看作是一种较低阶段的智能材料,目前已报道的智能材料中的相当一部分也属机敏材料。

从理论上讲，智能材料可以从宏观到微观各种层次上来实现。但是，在宏观层次上，单一的材料很难同时具备传感、处理和执行三种基本功能。因此，往往要把几种材料、元件或结构组合在一起构成一个结构或系统才能同时具备上述的三种基本功能。这种结构或系统称为"智能结构"或"智能系统"，它是由多种结构材料（结构）、功能材料（元件或结构）所构成。有的文献把智能结构或系统中所用的功能材料如压电材料、形状记忆材料、电流变流体和水凝胶等也叫作智能材料，这是不确切的。在微观层次上例如在分子、原子水平上，则有可能在一种材料中实现上述三种基本功能。这种材料才符合智能材料的定义。本章为叙述方便起见，有时把智能材料、结构和系统均统称为智能材料。当然，在必要时，仍然要给以区分。

智能材料的基本功能随着研究的进展正在逐步丰富和发展，它的智能也从低级（如机敏材料）发展到比较高级（如仿生智能材料），最终可能发展到具有类似人类的部分智能。

研究智能材料最早的国家是美国和日本。1988 年 9 月，美国弗吉尼亚工业学院和州立大学首次组织了机敏材料、结构和数学问题讨论会，并于 1989 年创办了智能材料系统和结构期刊。1989 年 3 月，日本在筑波举办了关于智能材料的国际研讨会，会上高木俊宜教授作了关于智能材料概念的报告。1990 年 5 月，日本设立了智能材料研讨会，作为智能材料研究和情报交流的中心。随后英、意、澳等也开展了智能材料的研究。其中研究得较早的单位有美国弗吉尼亚工业学院和州立大学智能材料研究中心、密歇根州立大学智能材料和结构实验室，日本金属材料研究所、无机材料研究所、东北大学、三重大学、金泽大学、东京工大和英国斯特拉文莱德大学机敏结构材料研究所等。我国对智能材料的研究也很重视，从 1991 年起就把智能材料列为国家自然科学基金和国家"863 计划"的研究项目，并已取得了相当的进展。

1.3.2 智能材料概述

现代航天、航空、电子、机械等高技术领域的飞速发展，使得人们对所使用的材料提出了越来越高的要求，传统的结构材料或功能材料已不能满足这些技术的要求。科学家们受到自然界生物具备的某些能力的启发，提出了智能材料系统与结构的概念，即以最恰当的方式响应环境变化，并根据环境变化自我调节，显示自己功能的材料称之为"智能材料"。而具有智能和生命特点的各种材料系统集成到一个总材料系统中以减少总体质量和能量，并产生自调功能的系统叫"智能材料系统"。把敏感器、制动器、控制逻辑、信号处理和功率放大线路高度集中到一起，并且制动器和敏感器除有功能的作用外，还起结构材料的作用的结构，叫“智能结构”。智能材料系统与结构除具备通常的使用功能外，还可以实现如下几个功能：自诊断、自修复、损伤抑制、寿命预报等，表现出动态的自适应性。它们是高度自治的工程体系，能够达到最佳的使用状态，具备自适应的功能，并降低使用周期中的维护费用。

智能材料来自于功能材料。功能材料有两类：一类是对外界（或内部）的刺激强度（如应力、应变、热、光、电、磁、化学和辐射等）具有感知的材料，通称“感知材料”，用它可做成各种传感器；另一类是对外界环境条件（或内部状态）发生变化作出响应或驱动的材料，这种材料可以做成各种驱动（或执行）器。智能材料利用上述材料做成传感器和驱动器，借助现代信息技术对感知的信息进行处理并把指令反馈给驱动器，从而作出灵敏、恰当的反应，当外部刺激消除后又能迅速恢复到原始状态。这种集传感器、驱动器和控制系统于一体的智能材料，体现了生物的特有属性。

智能材料与结构具有敏感特性、传输特性、智能特性和自适应特性这四种最主要的特性以及材料相容性等。在基础结构中埋入具有传感功能的材料或器件，可使无生命的复合材料具备敏感特性；在基础材料中建立类似于人的神经系统的信息传输体系，可使结构系统具备信息传输特性。智能特性是智能材料与结构的核心，也是智能材料与普通功能材料的主要区别。要在材料与结构系统中实现智能特性，可以在材料中埋入超小型电脑芯片，也可以埋入与普通计算机相连的人工神经网络，从而使系统具备高度的并行性、容差性以及自学习、自组织等功能，并且在“训练”后能模仿生物体，表现出智慧。智能材料与结构的自适应特性可通过置入各种微型驱动系统来实现。微型驱动系统由超小芯片控制，能够自动适应环境中的应力、振动、温度等变化或自行修复构件的损伤。

(1)智能材料系统的组成

一般说来，智能材料系统由基体材料、敏感材料、驱动材料和信息处理器四部分组成。

①基体材料

基体材料担负着承载的作用，一般宜选择轻质材料，如高分子材料，具有重量轻、耐腐蚀等优点，尤其是具有黏弹性的非线性特征。另外，也可以选择强度较高的轻质有色合金。

②敏感材料

敏感材料担负着传感的任务，其主要作用是感知环境变化（包括压力、应力、温度、电磁场、pH 等）。常用敏感材料有形状记忆材料、压电材料、光纤材料、磁致伸缩材料、电致变色材料、电流变体、磁流变体和液晶材料等。

③驱动材料

因为在一定条件下驱动材料可产生较大的应变和应力，所以它担负着响应和控制的任务。常用有效驱动材料有形状记忆材料、压电材料、电流变体和磁致伸缩材料等。可以看出，这些材料既是驱动材料，又是敏感材料，显然起到了"身兼两职"的作用，这也是智能材料设计时可采用的一种思路。

④信息处理器

信息处理器是在敏感材料、驱动材料间传递信息的部件，是敏感材料和驱动材料二者联系的桥梁。

(2)智能材料系统的智能功能和生命特征

设计智能材料需要考虑材料的多种功能复合和材料的仿生设计，所以智能材料系统具有或部分具有如下的智能功能和生命特征：

①传感功能(Sensor)。能够感知外界或自身所处的环境条件，如热、光、电、磁、化学、核辐射、负载、应力、振动等的强度及其变化。

②反馈功能(Feedback)。可以通过传感网络，对系统输入与输出信息进行对比，并将其结果提供给控制系统。

③信息识别与积累功能(Discernment and Accumulation)。能够识别传感网络得到的各类信息并将其积累起来。

④响应功能(Responsive)。能够适当地、动态地作出相应的反应，并采取必要行动。

⑤自诊断能力(Self-diagnosis)。能通过分析比较，系统地了解目前的状况与过去的情况，对诸如系统故障与判断失误等问题进行自诊断并予以校正。

⑥自修复能力(Self-recovery)。能通过自繁殖、自生长、原位复合等再生机制，来修补某些局部损伤或破坏。

⑦自调节能力(Self-adjusting)。对不断变化的外部环境和条件，能及时地自动调整自身结构和功能，并相应地改变自己的状态和行为，从而使材料系统始终以一种优化方式对外界变化作出恰如其分的响应。

1.3.3 形状记忆材料

(1)形状记忆材料的概念

形状记忆材料(Shape Memory Materials，SMM)是指具有一定初始形状的材料经形变并固定成另一种形状后，通过热、光、电等物理刺激或化学刺激的处理又可恢复成初始形状的材料。

形状记忆现象早于1938年就在Cu-Zn和Cu-Sn合金中发现。美国Read

等人 1951 年在 Au-Cd 合金和 1953 年在 In-Ti 合金中也发现了形状记忆现象。1964 年美国 Bacher 等人在 Ti-Ni、Cu-Al-Ni 合金中发现了形状记忆效应。1970 年美国制成 Ti-Ni 合金管接头，大量用于 F-14 飞机油压管路的连接。同时，日本大阪大学清水等人发现 Au-Cd、In-Ti、Ti-Ni、Cu-Al-Ni 四种形状记忆合金都有热弹性马氏体相变的特性，据此预测凡具有这种特性的合金都有形状记忆的特点。循此看法，许多形状记忆合金相继发现，迄今为止，已有 10 多个系列的 50 多个品种。已生产的形状记忆合金被广泛用于航空、航天、汽车、能源、电子、家电、机械、医疗和建筑等行业。

除了合金外，也发现在非金属材料如高聚物和陶瓷中有形状记忆现象。20 世纪 50 年代初英国的 Charlesby 等人发现在辐射交联聚乙烯中有形状记忆现象。1957 年 Ray-Chem 公司申请了辐射交联聚乙烯热缩管的专利，并开始了生产。1984 年法国煤化学(CdF Chimie)公司首先开发聚降冰片烯成功。日本杰昂公司将其商品化。其后日本三家公司又分别生产了反式 1,4-聚异戊二烯、苯乙烯-丁二烯共聚物和聚氨酯等三类形状记忆高聚物。目前，一些新品种也正在被研究。已生产的形状记忆高聚物已制备成热缩管和膜等，用于电器、医疗、机械和玩具等行业。形状记忆陶瓷和玻璃尚处于探索阶段。

(2)形状记忆合金

形状记忆合金(Shape Memory Alloys，SMA)是通过热弹性与马氏体相变及其反转而具有形状记忆效应(Shape Memory Effect，SME)的由两种以上金属元素所构成的材料。形状记忆合金是目前形状记忆材料中形状记忆性能最好的材料。

①形状记忆合金的基本原理

马氏体相变是一种无扩散相变或称位移形相变。严格地说，位移形相变中只有在原子位移以切变方式进行，两相间以宏观弹性形变维持界面的连续和共格，其畸变能足以改变相变动力学和相变产物形貌的才是马氏体相变。马氏体相变首先在钢中发现，以后在钛、钠等金属，多元合金、氧化物和酸盐的晶体中也发现了。马氏体相变分为非常热弹性马氏体相变和热弹性马氏体相变两类。前者马氏体相变的增长是靠新马氏体的生成，生长速度很快。后者马氏体相变的增长是靠旧马氏体的长大，温度下降，马氏体增大；反之，马氏体变小，其增长速度较慢。

形状记忆合金通过热弹性马氏体相变及反转的机理，把具有初始形状 L 的母相冷却到马氏体相变终了温度 T_{mf} 以下，实现马氏体相变，变成由 24 种惯习面变体所构成的马氏体，加外力后产生塑性变形 ε 成为具有另一种形状 L+ε 的马氏体单晶，去掉外力后塑性变形保留而形状 L+ε 不变，再加温到马氏体逆相

变终了温度 T_{Af} 以上时，发生马氏体相变的反转即逆相变，变回初始形状 L 的母相，其结构和取向与初始母相也完全一样。

形状记忆合金的形状记忆效应可按形状恢复情况分为三类，如表 1.2 所示。第一类为单程记忆效应（不可逆记忆效应），母相 L 冷却为马氏体后，受力变形为 L+ε，加热后恢复母相 L 相形状，冷却和再冷却后保持形状 L 不变。第二类为双程记忆效应，母相形状 L 冷却为马氏体后，受力变形为 L+ε，加热后恢复母相形状 L，冷却后又变成形状 L+ε，反复加热和冷却，可以可逆地发生从 L 变为 L+ε，或相反的变化，故又称为“可逆形状记忆效应”。第三类为全程记忆效应，某些合金在出现双程记忆效应的同时，再进一步冷却，形状 L+ε 可变为与母相 L 形状完全相反的形状 L_0。

表 1.2　形状记忆合金的三类记忆效应

类号	类型	母相	冷却	变形	加热	冷却	再冷却
1	单程记忆效应	L	L	L+ε	L	L	L
2	双程记忆效应	L	L	L+ε	L	L+ε	L+ε
3	全程记忆效应	L	L	L+ε	L	L+ε	L_0

形状记忆合金除了形状记忆效应外，还具有拟弹性（Pseudoelasticity，PE）。所谓拟弹性就是当形状记忆合金受到外力时发生变形，去除外力后就恢复原状。它和普通金属材料的弹性变形不同，普通弹性应变一般小于 0.5%，而拟弹性应变可达 5%～20%。这是因为形状记忆合金在发生拟弹性形变时，诱发了马氏体相变，去除外力后，又发生马氏体逆相变。从本质上看，形状记忆效应和拟弹性是一致的。因为形变的温度条件不同，当 $T<T_{As}$ 时，呈现形状记忆效应（T_{As} 为马氏体逆相变开始温度）；当 $T_{Af}<T<T_{Md}$ 时，形状记忆合金呈现拟弹性（T_{Md} 为应力诱发马氏体相变的温度上限）；当 $T_{As}<T<T_{Af}$ 时，则兼有形状记忆效应和拟弹性（$T_{Mf}<T_{Ms}<T_{As}<T_{Af}<T_{Md}$）。

此外，部分形状记忆合金如 Cu-Zn-Al、Ag-Cd 和 Ag-Zn 等具有逆形状记忆效应，它们在 T_{Ms} 点左右外加外力变形后，加热到 T_{Af} 以上温度时，不能完全恢复母相的初始形状，而再加热到 200 ℃以上时，却能恢复到变形后的形状。这种逆形状记忆效应恢复速度较慢，有人认为它不是通过马氏体相变而是通过贝氏体相变而实现的。

②形状记忆合金的种类和发展

形状记忆合金的种类很多，目前已有 10 多个系列，每个系列的成分配比可以在较宽的范围内变化，形成更多的具体品种。表 1.3 列出了一些形状记忆合金的系列及其有关马氏体相变的特征。

表 1.3　　形状记忆合金的种类

合金系列	r(或 w)(%)	T_{Ms}(K)	$T_{As}-T_{Ms}$(K)	晶格变化	ΔV(%)
Ag-Cd	Cd44～49(r)	83～223	≈15	B2→2H	−0.16
Au-Cd	Cd47～50(r)	243～273	≈15	B2→2H	−0.41
Cu-Al-Ni	Al14～15(w) Ni3～5(w)	133～373	≈35	DO_3→18R	−0.30 —
Cu-Sn	Sn15(r)	153～243	—	DO_3→2H	—
Cu-Zn	Zn36～42(r)	93～263	≈10	B2→9H	−0.50
Cu-Zn-X (X=Si,Sn,Al,Ga)	1～10(w)	93～373	≈10	B2→9H	—
Cu-Au-Zn	Au23～28(r) Zn45～47(r)	83～223	≈6	Heusler→18R	−0.25
In-Tl	Tl18～23(r)	333～373	≈4	FCC→FCT	−0.20
Ni-Ti	Ti49～51(r)	223～373	≈30	B2→B19	−0.34
Ni-Ti-Cu	Ni20(r) Cu30(r)	353	≈5	B2→B19	—
Ni-Ti-Fe	Ni47(r) Fe3(r)	183	≈18	B2→B19	—
Ni-Al	Al36～38(r)	93～373	≈10	B2→3R	−0.42
Fe-Pt	Pt25(r)	≈143	≈3	$L1_2$→CCT	−0.80～−0.50
Fe-Pb	Pb30(r)	≈173	—	FCC→FCT→BCT	—
Mn-Cu	Cu5～35(r)	23～453	≈25	FCC→FCT	—
Fe-Ni-Ti-Co	Ni33、Ti14 Co10(w)	≈133	≈20	FCC→BCT	0.40～2.00

注：B2—CsCl 型有序结构；DO_3—BiF_3 型面心立方有序结构；B19—βAu-Cd 正交晶格；$L1_2$—Al_3Ti 型立方有序结构；Heusler—Mn-Al-Cu；FCC—面心立方晶格；FCT—面心四方晶格；BCT—体心四方晶格；CCT—底心四方晶格；H—六方晶格；R—三方晶格；H 或 R 前数字—堆垛循环周期；r—摩尔比；w—质量分数；ΔV—体积变化。

表 1.3 中的合金可分为两种类型。一种是以过渡金属为基，以 Ni-Ti 为代表；另一种是贵金属的 β 相合金，以 Au-Cd 为代表。就实用化而言，目前主要实用的为 Ni-Ti 系和 Cu-Zn-Al 系两种合金，其他合金大部分均未实用化。一般来说，Ni-Ti 合金比 Cu-Zn-Al 合金强度高，稳定性好，使用寿命长，而 Cu-Zn-Al 合金的价格低，且电阻率小和热导率高。Cu-Ai-Ni 比 Cu-Zn-Al 强度好，但加工性差。表 1.4 列出了上述三种合金的一些特性。

表 1.4　　三种形状记忆合金的特性

特性	Ni-Ti	Cu-Zn-Al	Cu-Al-Ni
熔点(℃)	1240～1310	950～1020	1000～1050
密度(kg/m^3)	6400～6500	7800～8000	7100～7200
电阻率(10^{-6} Ω·m)	0.50～1.10	0.07～1.12	0.10～0.14
热导率[W/(m·℃)]	10～18	120(20 ℃)	75
热膨胀系数(10^{-6}/℃)	6.6(M)*	16～18(M)*	16～18(M)*
比热容[J/(kg·℃)]	470～620	390	400～480
热电势(10^{-6} V/℃)	9～13(M)*	—	—
相变热(J/kg)	3200	7000～9000	7000～9000
杨氏模量(GPa)	98	70～100	80～100
屈服限(MPa)	150～300(M)*	150～300(M)*	150～300(M)*
抗拉强度(MPa)	800～1100(M)*	700～800(M)*	1000～1200(M)*
延伸率(%)	40～50(M)*	10～15(M)*	8～10(M)*
疲劳极限(MPa)	350	270	350
晶粒度(μm)	1～10	50～100	25～60
转变温度(℃)	−50～100	−200～170	−200～170
$T_{As}-T_{Af}$(℃)	30	10～20	20～30
单向形状记忆(%)	8(max)	5(max)	6(max)
双向形状记忆(%) $N^{**}=10^2$	6.0(max)	1.0(max)	1.2(max)
$N^{**}=10^7$	0.5(max)	0.5(max)	0.5(max)
加温上限(℃)	400	160～200	300
阻尼比 SDC(%)	15	30	10
最大拟弹性应变(单晶)(%)	10	10	10
最大拟弹性应变(多晶)(%)	4	2	2
恢复应力(MPa)	400	200	—

注:(M)*—马氏体;N^{**}—记忆次数。

形状记忆合金的发展方向主要为:

a. 高温形状记忆合金。Ni-Ti 和 Cu-Zn-Al 合金的 T_{Ms} 通常不超过 100 ℃,

而记忆合金的动作温度取决于 T_{Ms}，因此，这两种合金只能在 100 ℃以下使用。但在相当多的情况下，如防火装置、汽车发动机的记忆合金软件的工作温度均超过100 ℃，在核反应堆过程中，记忆合金热动元件的动作温度高达 600 ℃，因而研制高温形状记忆合金就成为一个主要发展方向。目前，国内外研究的高温形状记忆合金主要有三类：第一类是以 Cu-Al-Ni 为基础发展起来的 Cu-Al-Ni-Mn-X(X＝Ti、B、V)五元合金，它的 T_{Ms} 最高可到 200 ℃左右。第二类是从 Ni-Ti 合金发展起来的 Ni-Ti-Y(Y＝Pd、Pt、Au)三元合金，它的 T_{Ms} 随 Y 含量增高而增高，最高可达 1040 ℃。第三类是从 Ni-Al 金属间化合物发展起来的 Ni-Al-Z(Z＝Fe、Mn、B)合金，其 T_{Ms} 最高可在 480 ℃以上。

b. 窄滞后形状记忆合金。通过热弹性马氏体相变实现记忆效应的 Ni-Ti，其相变滞后温度为 20～30 ℃，使其热灵敏度较低而应用受限。当利用 R 相变实现记忆效应时，其相变滞后温度小于 2 ℃，这样就可以制成窄滞后形状记忆合金。Ni-Ti 合金或 Ni-Ti-Fe、Ni-Ti-Co 等合金经冷加工后在低温退火或高温退火可出现 R 相变。

c. 宽滞后形状记忆合金。Ni-Ti 合金的 $T_{As}-T_{Ms}$ 为 20～30 ℃，有时 T_{As} 小于室温，这样它的马氏体加工后制品必须在低温贮存，很不方便。而 Ni-Ti-Nb 合金可以形成 β-Nb 相软粒子，产生塑性变形使相变应变松弛，降低应变马氏体的弹性能，从而减小逆相变驱动力，结果使 T_{Ms} 显著升高，其 $T_{As}-T_{Ms}$ 最高可达 144 ℃。

d. 铁基形状记忆合金。铁基合金比 Ni-Ti 合金和 Cu-Zn-Al 合金成本低，刚性好，且易于加工。铁基合金中 Fe-Mn-Si 合金研究最多，其完全恢复形变量可达 5%，T_{Ms} 在室温附近，$T_{As}-T_{Ms}$ 宽，T_{As} 大约为 150 ℃。在 Fe-Mn-Si 合金中，Si 含量不能大于 6%，Mn 含量不能大于 33%，因为 Si 含量超过 6%时，合金中产生 σ 相，使材料变脆，Mn 含量超过 33%时，尼尔温度＞T_{Ms}，$\gamma\rightarrow\varepsilon$ 相变不可能产生，因而会失去记忆效应。由于 Fe-Mn-Si 合金易腐蚀，又研究了不锈钢记忆合金，即在Fe-Mn-Si中加入 Cr、Ni 和 Co，但其记忆能力也有所降低。

e. 形状记忆合金薄膜。形状记忆合金目前主要缺点是其电阻对温度和应力的敏感度不够高，响应速度也较慢，为此近来发展了形状记忆合金薄膜，因其面积较大、散热能力高和电阻率高，从而增加了灵敏度和响应速度，作为敏感兼驱动元件，显示出潜力。

除以上所述外，正在研究的还有低温拟弹性形状记忆合金、高屈服限形状记忆合金和低应力滞后形状记忆合金等。

也有人对形状记忆合金具有形状记忆效应的必备条件进行了研究，认为热弹性马氏体相变并不是合金具有形状记忆效应的必备条件，例如 Fe-Mn-Si 和 FeNiC 系都通过非弹性马氏体相变而显现形状记忆效应。只要能形成单变体马氏体，排除其他阻力，通过马氏体相变，材料就会显现形状记忆效应，按照这个原则，将会开发出更多系列的形状记忆合金。

③形状记忆合金的应用

形状记忆合金可做成单向形状恢复元件、双向形状恢复动作元件和拟弹性元件，在下述领域中具有广泛的应用前景，其中部分已达到实用化的程度。

a. 机械工业。用于各种接头、定位器、压板、固定器、柱塞、密封器、记忆铆钉、特殊弹簧和机器人手等。

b. 自控和仪表工业。用于温度自动调节器和报警器的控制元件、记录笔的驱动装置、电路连接器、各种热敏元件和接线柱等。

c. 汽车工业。用于发动机放热风扇离合器、排气自动调节喷管、柴油机散热器孔自动开关和喷气发动机油过滤器的形状记忆弹簧等。

d. 兵器工业。用于导弹和制导炮弹机电操作伺服控制尾翼、可变形状杀伤枪弹、穿甲弹头、杆式穿甲弹分离弹托用变形机构和炮弹引信远距离解除保险机构等。

e. 航空航天工业。用于宇宙飞船天线、飞机液压系统连接件和紧固件、导弹的分立导线连接器和机电执行元件等。

f. 医疗器械。用于矫正牙齿拱形金属丝、血凝块过滤器、人工骨关节、接骨板、人工肾微型泵、人工心脏收缩活门、手术固定器和避孕器具等。

g. 智能材料。由于形状记忆合金兼有感知和驱动双重功能，它在智能材料中应用最有前景。利用它感知材料中的内应力分布、裂纹的生产和扩展，并自动改变结构外形，主动控制结构振动，抑制裂纹扩展，降低噪音，吸收能量等。

除以上所述外，形状记忆合金还可应用于新能源技术、家电、建筑等行业。其应用范围正在逐步扩展。

1.3.4 智能无机材料

1.3.4.1 电流变体

电流变体或称“电流变液”(Electro-Rheological Fluid)是一种悬浮液，在电场作用下呈现电流变现象。1947 年 Winslow 最早开始研究这一新型功能材料，因此，电流变现象又称为“Winslow 现象”。起初，人们将因电场的作用使体系流动阻力的增加归之于其黏度的增加，便将这种物质称为“电黏度液”(Electro-Viscous Fluid)。随着研究的深入，人们逐渐看到了电流变体有许多可供发展技术和工程应用的奇异性能。这些可被利用的主要特性表现在：

①在电场作用下，液体的表观黏度或剪切应力有明显的突变，可在毫秒瞬间产生相当于从液态属性到固态属性间的显著变化。

②这种变化是可逆的，即一旦去掉电场，可恢复到原来的液态。

③这种变化是连续和可逆的，即在液—固、固—液变化过程中，表观黏度或剪切应力是无级连续变化的。

④这种变化是可控制的，并且控制变化的方法简单，只需加一个电场，所需的控制能耗也很低。因此运用微机进行控制有广阔前途。

由于以上奇异特性，人们将电流变液称为“智能材料”或“机敏流体”。

(1)电流变效应的机理

关于电流变体的转变机理，已提出的理论有微粒极化成纤机理、水桥机理、双电层变形机理、电泳机理等。

①微粒极化成纤机理

微粒极化成纤机理首先是由 Winslow 提出的，现在正逐步发展和完善。该机理将电流变效应归因于分散相微粒相对于分散介质发生极化。极化所产生的偶极矩由极化率 χ 和外加电场 E 所决定。

只有当分散介质与颗粒的介电常数有差异时，在电场作用下，颗粒才能积累电荷，产生偶极矩。而具有偶极矩的颗粒之间必然产生相互作用的偶极力。偶极作用力具有各向异性，可分为 3 个方向上的作用力。当两颗粒中心连线平行于电场方向时，偶极作用力为吸引力；当两颗粒中心连线垂直于电场方向时，表现为排斥力；当两颗粒中心连线既不平行又不垂直于电场方向时，颗粒同时受到吸引力与排斥力的作用，结果产生使颗粒沿电场方向排列的扭转力。

极化力最终会使颗粒沿电场方向排列成链状结构，这一链状结构使得体系黏度增大，当颗粒链长增至横跨电极间时，在剪切作用下则能观察到屈服应力。当施加应力小于屈服应力时，颗粒链结构发生形变，此形变具有黏弹性；当施加应力大于屈服应力时，颗粒链结构破裂，体系开始流动。因此，用电流变材料传递剪切力时，其所受应力应小于屈服应力。为了使电流变材料能传递较大的应力，其本身应具有较大屈服应力，而屈服应力随颗粒链结构强度的增大而增大，因此，颗粒间极化力除了使体系具有电流变效应外，还决定了电流变体的屈服应力的大小，即电流变效应的大小。

②水桥机理

早期的电流变体分散相中都含有水，水的含量对电流变效应有显著的影响，当它低于某一定值时，体系不再发生电流变效应。在该值以上，电流变效应随水含量的增加而增强，达到某一最大值以后又呈下降趋势。对于水活化电流变体，水是引发电流变效应不可或缺的条件。

Strangroom 提出了电流变效应的水桥机理。他认为，体系具有电流变效应的基本条件有：分散相为亲水性且多孔的微粒；分散介质为憎水性液体；分散相必须含吸附水且其含量显著影响电流变体的性质。在电流变体中，分散相微粒孔中存在可移动的离子，并且这些离子与周围的水相结合。在外加电场作用下，离子携带着水向微粒的一端移动，产生诱导偶极子。聚集在微粒一端的水在微粒间形成水桥，若要使电流变体流动，必须破坏水桥做功，导致剪切应力和黏度增大。撤去外电场，诱导偶极消失。Strangroom 用该机理定性地解释了水的含量、固体微粒的多孔性和电子结构等对电流变效应的影响。

水的存在限制了电流变体的使用温度，并且会引起介电击穿、高能耗、设备腐蚀等问题，因而出现了无水电流变体。正确地理解水在电流变效应中所起的作用，对于无水电流变体的研究具有重要意义。

③双电层变形机理

双电层由两部分组成：一是紧密吸附在微粒表面的单层离子；二是延伸到液体中的扩散层。Kass 和 Maninck 认为，电流变体的响应时间极短，不足以使微粒排列成纤维状结构。他们提出了双电层变形机理解释电流变效应。

在电场作用下，双电层诱导极化导致扩散层电荷不平衡分布，即双电层发生形变。变形双电层间的静电相互作用，使流体发生剪切流动时耗散的能量增加，因而黏度增大。当双电层交叠时，静电相互作用更大。双电层变形和交叠引起的悬浮液黏度增大分别称为“第一电黏效应”和“第二电黏效应”。这一机理定性地解释了一些实验现象，例如，电流变效应对电场频率和温度的依赖性。但是，由电黏效应引起的黏度增大幅度都不太大，一般在 2 倍以内，它与电流变效应引起的黏度增大有本质的区别。

这一机理只是定性地解释了一些实验现象，并没有发展为定量的理论。

④电泳机理

悬浮液中的微粒带有静电荷就会向着带异号电荷的电极移动，即发生电泳现象。在稀悬浮液中，微粒电泳到达电极后，由于离子迁移出微粒或者发生电化学反应，微粒改变电性并向着另一个电极移动，就这样在电极间往复运动。微粒的运动速度与介质的流动速度不同，介质对微粒施加力的作用使其产生额外的加速度，消耗的能量增加，导致电流变体黏度增大。

然而，当体系浓度增大或外加交流电场的频率足够高时，微粒的这种往复运动消失，在这些条件下，仍然会产生电流变效应。因此，微粒电泳并不是产生电流变效应的主要原因。

(2)电流变体的组成

电流变液一般由悬浮粒子、分散介质和添加剂三部分组成。按悬浮粒子是否具有本征可极化的特性，它又可分为含水电流变液和无水电流变液两类。含水电流变液是指需要水或其他极性液体作为活化剂的协助才能产生电流变效应的悬浮液；无水电流变液是指不需要活化剂就能产生电流变效应的悬浮液。由于含水电流变液不可克服的一些缺点，目前对电流变液材料的研究已转向寻找合适的无水电流变液体系。近几年来，无水粒子材料大致有以下几种类型：

①复合材料

设法使电流变液的电诱导屈服应力提高和电导率降低，始终是对电流变材料的一个挑战。为了降低电流变液的电导率，研究人员做了很多努力，其中之一就是试图在悬浮粒子表面涂上绝缘层以避免粒子的直接接触，从而阻碍电荷的粒子间跃迁，达到降低电导率的目的。Conrad 等人利用不同方式包裹的双层复合结构分散相，验证了电导和介电常数在电流变中的作用，并从理论上预言了由高介电常数的绝缘外层包裹高电导核心结构在高频或宽频下更有应用前景，剪切屈服应力的理论值有望达到 20～100 kPa。其结构特点为：在交流电场下，外层材料的介电常数与基液介电常数的比值越大，电流变效应越大；高电导核心可以提高颗粒的介电常数，增加颗粒的表面电荷提供适宜的电导率；高介电常数的绝缘外层可以提高材料的耐电场击穿能力并有效限制表面电荷的运动，提高链结构的稳定性，厚度越小，电流变效应越大。多层复合结构设计模型的出现为进一步研究电流变转变机理提供了一条新的途径，并可较好地与材料的众多参数匹配，实现无机与有机的有效复合。

②无机非金属材料

无机非金属材料有沸石、$BaTiO_3$、$PbTiO_3$、$SrTiO_3$、TiO_2、PbS 等。无机化合物如氧化物、盐类是一类重要的电流变材料，其特点是具有较高的介电常数。目前，无机电流变体材料的主要缺点是：质地硬，对器件磨损大；密度大，颗粒的悬浮稳定性差；力学值仍需进一步提高。但无机化合物 $BaTiO_3$、TiO_2 等具有高的介电常数，为制备高性能电流变液提供了基础。

③有机半导体粒子

有机半导体粒子有聚苯胺、取代聚苯胺、聚乙烯醇等。聚合物半导体电流变材料干态下所具有的强的电流变活性被认为是来自于电子或空穴载流子的迁徙引起的界面极化。聚合物半导体电流变体材料的优点在于有较高的力学值、较小的密度、优良的疏水性，可以通过控制掺杂量和后处理程度有效控制电导率的大小。同时由于非离子极化，电导并非由粒子产生，故电流变效应受温度的影响较小。它的缺点在于材料基体的热稳定性较差，颗粒只能在低温下干燥处理，聚合物半导体电流变材料由于是电子或空穴导电，在高电场作用下因电子跃迁造成的漏电流较大。

聚合物基电流变材料的研制主要集中在两个方面：一是合成聚合物半导体材料，再通过掺杂或后处理如温度、pH 等对其进行介电常数和电导率等的调整；二是合成具有高极性基团的长链或网状高聚物，再对其进行改性处理。

④液晶材料

目前，以液晶材料为基础的均相电流变液的开发是电流变液材料研究的另一热点。据报道，液晶本身的电流变效应非常弱，但用侧链型液晶聚硅氧烷组成的均相电流变液在电场下显示很强的电流变效应。这一材料的主要特点是没有颗粒沉降、聚集或磨损等普通两相电流变液遇到的问题。但是，液晶电流变液由液态向固态转变所需的响应时间太长，而且在高温和低温下材料的电流变性能都较差。目前，人们正在从事两相都具有电流变性能的电流变体的研究。

(3)电流变体的应用

由于电流变体的快速电场响应性，可用于振动控制、自动控制、扭动传输、冲击控制等方面。其主要应用之一就是用于制作汽车制造业中的传动装置和悬挂装置(如离合器、制动器、发动机悬挂装置等)。用电流变体制备的离合器，通过电压控制离合程度，可实现无级可调，易于用计算机控制。未施加电场时，电流变体为液态，而且黏性低，不能传递力矩；当施加电场后，电流变体的黏度随电场强度的增大而增大，能传递的力矩也相应地增大，当电流变体变成固态时，主动轴与滑轮结合成为一个整体。

电流变体还可用于阻尼装置、防振装置，如车用防振器、精密定位阻尼器等。

电流变体也可看作液体阀，用于机器人手臂等的控制中。用电流变体制得的装置有着传统机械无法比拟的优点，如响应速度快、阻尼设备精确可调、结构简单等。随着电流变体的不断开发研究，它将取代传统机电机械元件，作为电子控制部分和机械执行机构的连接纽带，使设备更趋简单、灵活，实现动力的高速传输和准确控制的目的。但要使电流变体实现工程应用，还有很多基础理论和应用技术问题需要解决，其原因主要表现在如下几个方面：

①电流变流体在非电场下的黏度过高，有电场下的屈服强度不够，不能够传输足够的力矩。

②在离合器和减振器中，都存在由于磨损、吸收冲击热量，导致电流变体温度升高的问题。为了保证电流变体正常的工作温度，必须设计一个适当的散热系统。

③电流变流体的稳定性不是很理想。电流变流体的悬浮颗粒易发生凝聚、沉降、分层，放置一段时间后，屈服应力会大幅下降。

④支持电流变器件的辅助装置(如信号传感器，体积小、重量轻的可调高压电源等)达不到要求。

总之，要使电流变技术实用于工程实际，研究还有待深入。但可以肯定地说，电流变技术是当代一门有巨大发展前途和潜在市场的高新技术，而且对学科发展或工程技术的变革,都具有难以估计的重大的学术价值和经济价值。

1.3.4.2 磁流变体

尽管电流变体在许多方面显示了广泛的应用前景,但由于需要几千伏的工作电压,因而安全性和密封是电流变体存在的严重问题。磁流变体由于剪切应力比电流变体大一个数量级,且具有良好的动力学和温度稳定性,因而磁流变体近年来更受关注。

(1)磁流变体的概念

磁流变体又称"磁流变液",由磁性颗粒、载液和稳定剂组成,是具有随外加磁场变化而有可控流变特性的特定的非胶体性质的悬浮状液体。磁流变体的黏度可以由磁场控制,无级变化,当受到一中等强度的磁场作用时,其表观黏度系数增加两个数量级以上;当受到一强磁场作用时,就会变成类似"固体"的状态,流动性消失。一旦去掉磁场后,又立即恢复成可以流动的液体。

在 20 世纪 50 年代到 80 年代期间,由于没有认识到它的剪切应力的潜在性,以及存在悬浮性、腐蚀性等问题,磁流变体发展一直非常缓慢。进入 90 年代,磁流变体研究重新焕发了生机。寻找具有强流变学效应、快速响应以及稳定性和耐久性好、低能量输入的磁流变材料成为材料学的重点课题。近几年,国内先后有复旦大学、中国科技大学、重庆大学、西北工业大学等开展磁流变体及其应用研究。

(2)磁流变体的转变机理

磁流变体在外磁场作用下的行为与电流变体有许多类似之处,即它的黏滞性可以随外场的改变在毫秒级时间内变化,并且这种变化是可逆的。颗粒被当作一些刚性微球,它们可分别代表介电颗粒和磁性颗粒,在外加电场或磁场情况下,可表征电流变效应和磁流变效应。可以看出,两者有许多相同的地方。两者的不同之处也比较明显,对于电流变体,外电场通过导体极板施加。由于镜像作用,链可以无限长,对电荷偶极矩的限制是介质的电击穿。但是,对于磁流变体,外加磁场由螺线管提供,它没有镜像极子和磁饱和限制磁矩。

在磁流变体中,每一个小颗粒都可当作一个小的磁体,在这种磁体中,相邻原子间存在着强交换耦合作用,它促使相邻原子的磁矩平行排列,形成自发磁化饱和区域即磁畴。在外磁场作用下,磁矩与外磁场同方向排列时的磁能低于磁矩与外磁场反方向排列时的磁能,结果是自发磁化磁矩成较大角度的磁畴体积逐渐缩小。这时颗粒的平均磁矩不等于零,颗粒对外显示磁性,按序排列相接成链。当外磁场强度较弱时,链数量少、长度短、直径也较细,剪断它们所需外力也较小。随外磁场不断增大,取向与外场成较大角度的磁畴全部消失,留存的磁畴开始向外磁场方向旋转,磁流变体中链的数量增加,长度加长,直径变粗,磁流变体对外所表现的剪切应力增强。再继续增加磁场,所有磁畴沿外磁场方向整齐排列,磁化达到饱和,磁流变体的剪切应力也达到饱和。没有外磁场作用时,每个磁畴中各个原子的磁矩排列取向一致,而不同磁畴磁矩的取向不同,磁畴的这种排列方式使每一颗粒处于能量最小的稳定状态。因此,所有颗粒平均磁矩为零,颗粒不显示磁性。

与电流变体相比,由于磁性颗粒具有一定的固有磁矩,因此磁流变体的流变学性质的变化较电流变体更显著。

(3)磁流变体的组成

磁流变体由表面活性剂(又称"稳定剂")、离散的可极化的分散粒子、载液组成。

①表面活性剂(稳定剂)

表面活性剂的用途是稳定磁流变体的化学、物理性能,确保颗粒悬浮于液体中,并使其活化易于产生磁黏性。稳定剂具有特殊的分子结构:一端有一个对磁性颗粒界面产生高度亲和力的钉扎功能团,另一端还需有一个极易分散于载液中去的适当长度的弹性基团。

②离散的可极化的分散粒子

离散的可极化的分散粒子是磁流变体中最重要的部分,能够使磁流变体获得明显的磁流变效应。这种分散粒子一般为球形金属(如 Fe、Co、Ni)及铁氧体磁性材料等多畴材料,其平均尺寸在 1~10 μm 范围内。无磁场作用时,粒子自由分散在载液中,当磁场作用时,这些粒子在磁场力作用下相互吸引,沿着 N 极和 S 极之间的磁力线在二者之间形成粒子桥而产生抗剪应力的作用(外观表现为黏稠的特性,液体的黏度随磁场变化而无级变化),液体对磁场的响应时间在 0.1~1 ms 之间,磁场越强,粒子桥越稳定,抗剪切能力越强。当磁场移去之后,磁流变体又立即恢复到像水或液压油的自由流动状态;当外加的剪切力低于其传递能力时,凝稠的磁流变体相当于韧性的固体,当外力超过其抗剪能力时,韧性体则被剪断。

③载液

载液通常是油、水或其他复杂的混合液体,如煤油、硅油、合成油等。载液一般要求挥发性低,热稳定性好,适用温差宽,非易燃且不会造成污染,用来提供磁流变体的基体。

典型的磁流变体的配方为:选用粒径为 1 μm 的球形羰基铁粉(松装 80 mL)作为磁性颗粒,硅油(160 mL)作为载液,油酸(5 mL)作为表面活性剂。磁性颗粒体积分数为 32.7%,以 200 r/min 转速球磨 60 h,所得磁流变体静置长时间后,无沉降分层。

(4)磁流变体的性能特点

一般来说,良好的磁流变体具有如下的性能特点:

①稳定性好

磁流变体不易为制造或应用过程中通常存在的化学杂质所影响,而且原材料无毒,环保安全,与多数设备兼容。

②工作温度范围宽

磁流变体能在−40～150 ℃范围内进行工作,在这样宽的温度范围内仅仅由于载液体积的膨胀与收缩引起体积百分比的变化,而使场强有微小的变化。

③对现有液压系统的兼容性好

由于磁流变体中固体颗粒的尺寸很小,无磁场作用时,其流动特性和工作特性等与传统液压油没有多大区别,磁流变体可以代替普通液压油而直接在现有液压系统中应用。

④应力场强

磁流变体存在塑性行为,普通的磁流变体只要作用一个磁场就很容易获得几十个千帕以上的应力场。

⑤无场时的黏度低

可控制液体的磁流变效应越好,则要求无场强时的黏度越小,磁流变体的黏度不超过 1.0 Pa·s。

⑥器件的结构简单,可靠性高

多数可控制磁流变体装置不要求特殊加工,装置中没有运动部件,更没有金属之间的碰撞和冲击,工作平衡可靠。磁流变体装置只需要普通的低电压,利用基本的电磁感应回路就可以产生用来激活和控制磁流变体的磁场,这样的回路由于成本低、使用安全,可以广泛应用。

(5)磁流变体的应用

工程上已经设计和制造了许多种磁流变体器件。阀式、剪切式、挤压式为磁流变体器件的三种基本工况。其中阀式器件有液压控制伺服阀、阻尼器、振动吸收器和驱动器;剪切式器件有离合器、制动器、夹(销)装置、散脱装置等;挤压式器件有小运动大力式振动阻尼器、振动悬架等。

1.3.4.3 电致变色材料

电致变色(Electro-Chromism,EC)是通过电化学氧化还原反应使物质的颜色发生可逆性变化的现象。无机 EC 材料为一般过渡金属氧化物、氮化物和配位化合物。

过渡金属易变价,许多过渡金属氧化物可在氧化还原时变色。电致变色可分为还原变色和氧化变色两类。在周期表上从 3d 到 5d 的过渡金属及其氧化物有电致变色活性。

1.3.4.4　灵巧陶瓷材料

某些陶瓷材料亦具有形状记忆效应，特别是那些同时为铁电体又具有铁弹性的材料。此类材料在一定温度范围内在外电场作用下可自发极化(所谓自发极化是指铁电体材料在某些温度范围内，在不加外电场时本身具有自发极化机制，即材料在外电场作用下所产生的极化并不随外场的撤除而消失从而产生剩余极化，并且自发极化的取向能随外加电场方向的改变而改变)，而极化强度和电场之间的关系则是类似于磁滞回线的滞后曲线。再者，材料在一定温度范围内，其应力-应变曲线与铁电体的电滞回线相似。铁弹性的可恢复自发应变使材料具有形状记忆效应；而铁电性则使材料的自发应变不仅能用机械力来调控，也可用电场调控。锆钛酸铅镧(PLZT)陶瓷就是一例，它具有形状记忆效应，并在居里点温度下能形成尺寸小于光波长的微畴。如将 6.5/65/35PLZT 螺旋丝加热至 200 ℃(此温度远高于机械荷载恢复温度 $T_F = T_C$ 以上)，再将螺旋丝冷却至 38 ℃(比 T_F 低得多)，卸载后，此螺旋丝变形达 30%。而一旦将该螺旋丝加热至 180 ℃(高于 T_F)，它就能恢复原来的形状，说明脆性陶瓷具有形状记忆效应。

压电材料是具有压电效应的电介质。压电效应分为正、逆两种。若对电介质施加外力使其变形时，它就发生极化，引起表面带电，这种现象称为“正压电效应”。此时表面电荷密度与应力成正比，利用这种效应可制成执行元件。反之，若对电介质施加激励电场使其极化时，它就发生弹性形变，这种现象称为“逆压电效应”，此时应变与电场强度成正比，利用这种效应可制成传感器。

1.4　纳米功能材料

1.4.1　纳米材料的特殊效应

纳米是一个物理学上的度量单位，1 纳米是 1 米的十亿分之一，相当于 45 个原子排列起来的长度。通俗一点说，相当于万分之一头发丝粗细。就像毫米、微米一样，纳米是一个尺度概念，并没有物理内涵。当物质到纳米尺度以后，大约是在 1～100 nm 这个范围空间，物质的性能就会发生突变，出现特殊性能。这种具有既不同于原来组成的原子、分子，也不同于宏观的物质的特殊性能的材料，即为纳米材料。

纳米材料的特点就是粒子尺寸小(纳米级)、有效表面积大(相同质量下，材料粒子表面积大)，这些特点使纳米材料具有特殊的小尺寸效应、表面效应、量子尺寸效应和宏观量子隧道效应。而这些效应的宏观体现就是纳米材料的成数量级变化的各种性能指标。

(1)表面效应

纳米粒子的表面原子数与总原子数之比,随着纳米粒子尺寸的减小而大幅度地增加,粒子的表面能及表面张力也随之增加,从而引起纳米粒子性质的变化。纳米粒子的表面原子所处的晶体场环境及结合能,与内部原子有所不同,存在许多悬空键,并具有不饱和性质,因而极易与其他原子相结合而趋于稳定,所以具有很高的化学活性。

球形颗粒的表面积与直径平方成比例,其体积与直径的立方成正比,故其比表面(表面积/体积)与直径成反比,即随着颗粒直径变小,比表面积会显著增大。假设原子间距为0.3 nm,表面原子仅占一层,粗略估算表面原子百分比如表1.5所示。由表1.5可见,对直径大于100 nm的颗粒,表面效应可忽略不计;当直径小于10 nm时,其表面原子数激增。

表1.5　粒子的大小与表面原子数的关系

直径(nm)	1	5	10	100
原子总数 N	30	4000	30000	3000000
表面原子百分比(%)	100	40	20	2

金属纳米微粒在空气中会自燃。纳米粒子的表面吸附特性引起了人们极大的兴趣,尤其是一些特殊的制备工艺,例如氢电弧等离子体方法,在纳米粒子的制备过程中就有氢存在的环境。纳米过渡金属有储存氢的能力。氢可以分为在表面上吸附的氢和与过渡金属原子结合而形成的固溶体形式的氢。随着氢含量的增加,纳米金属粒子的比表面积或活性中心的数目也大大增加。

(2)特殊的光学性质

光按其波长大致可分为以下几个区域:

γ、α射线　　<100 nm

UV线　　100～340 nm

可见光　　340～760 nm

红外线　　760 nm～20 μm

微波(雷达波)　　>20 μm

粒径小于300 nm的纳米材料具有可见光反射和散射能力,它们在可见光范围内是透明的,但对紫外光具有很强的吸引和散射能力(当然吸收能力还与纳米材料的结构有关)。与纳米材料的表面催化氧化特性相结合,以纳米二氧化硅、二氧化钛、氧化锌填充的涂料具有消毒杀菌和自清洁功能。除了熔点降低之外，纳米材料的开始烧结温度和晶化温度也有不同程度的降低。纳米材料显示出独特的电磁性能，它们对不同波长的雷达波和红外线具有很强的吸收作用，在军事隐身涂层中具有良好的应用前景。不同粒径的纳米填料对光的反射和散射效应是不同的，可产生随入射光角度不同而变色的效应。将胶体金应用于高级轿车罩面漆，可产生极华贵透明的效果。

(3)特殊的力学性质

由纳米超微粒制成的固体材料分为两个组元：微粒组元和界面组元。它具有最大的界面，界面原子排列相当混乱。陶瓷材料在通常情况下呈现脆性，而由纳米超微粒制成的纳米陶瓷材料却具有良好的韧性，使陶瓷材料具有新奇的力学性能。这就是目前的一些展销会上推出的所谓“摔不碎的陶瓷碗”。

氟化铯纳米材料在室温下可大幅度弯曲而不断裂。人的牙齿之所以有很高的强度，是因为它是由纳米磷酸钙等纳米材料构成的。纳米金属固体的硬度是传统的粗晶材料硬度的 3～5 倍。至于金属-陶瓷复合材料，则可在更大的范围内改变材料的力学性质，应用前景十分广阔。

(4)量子尺寸效应

当粒子尺寸下降到一定数值时，费米能级附近的电子能级由准连续变为离散能级。宏观物体包含无限个原子，能级间距趋于零，即大粒子或宏观物体的能级间距几乎为零。而纳米粒子包含的原子数有限，能级间距发生分裂。块状金属的电子能谱为准连续带，而当能级间距大于热能、磁能、静磁能、静电能、光子能量或超导的凝聚态能时，必须考虑量子效应，这就导致纳米微粒磁、光、声、热、电以及超导电性与宏观特性的显著不同，这称为“量子尺寸效应”。

(5)量子隧道效应

量子隧道效应是从量子力学观点出发，微观粒子的总能量小于势垒高度时，仍能穿越这一势垒的一种微观现象。近年来发现，微粒子的磁化强度和量子相干器的磁通量等一些宏观量也具有隧道效应，即宏观量子隧道效应。研究纳米微粒的这种特性，对发展微电子学器件将有重要的理论和实践意义。

(6)特殊的热学性质

在纳米尺寸状态材料的另一种特性是相对稳定性。当充分减少组成相的尺寸的时候，由于在限制的原子系统中的各种弹性和热力学参数的变化，平衡相的关系将被改变。例如，被小尺寸限制的金属原子簇熔点的温度，被大大降低到同种固体材料的熔点之下。平均粒径为 40 nm 的纳米铜粒子的熔点由 1053 ℃下降到 750 ℃，降低 300 ℃左右。这是由 Gibbs-Thomson 效应而引起的。该效应在所限定的系统中引起较高的有效的压强的作用。

超微粒的熔点下降，对粉末冶金工业具有一定的吸引力。例如，在钨颗粒中加入质量分数为0.1%～0.5%的纳米镍粉，烧结温度可从3000 ℃降为1200～1300 ℃。

超微粒子的小尺寸效应还表现在导电性、介电性、声学性质以及化学性能等方面。

1.4.2 纳米材料的制备方法

1.4.2.1 按学科类型分类

目前世界上制备纳米材料的方法很多，按学科类型分有物理法和化学法两种。物理法主要指粉碎法，其基本思路是将材料由大化小，即将块状物质粉碎而获得超微粉。化学法又叫“构筑法”，由下极限的原子、离子、分子通过成核和长大两个阶段来加以制备。

(1)物理法

物理法一般是将原料加热蒸发使之成为原子或分子，再控制原子和分子的凝聚，生成纳米超微粒子。

①激光加热蒸发法

以激光为热源，使气相反应物内部很快地吸收和传递能量，在瞬间完成气相反应的成核、长大和终止。采用二氧化碳激光器加热可制得BN、SiO_2、MgO、Fe_2O_3、$LaTiO_3$等纳米材料。

②惰性气体法

在低压的惰性气体中，加热金属使其蒸发后形成纳米微粒。纳米微粒的粒径分布受真空室内惰性气体的种类、气体分压及蒸发速度的影响。通过改变这些因素，可以控制微粒的粒径大小及其分布。

③高压气体雾化法

要采用高压气体雾化器，在－40～－20 ℃将氮气和氩气以3倍于音速的速度射入熔融材料的液流内，熔体被粉碎成极细颗粒的射流，然后骤冷得到超细微粒。此法可生产粒度分布窄的纳米材料。

④氢电弧等离子体法

使用混入一定比例氢气的等离子体，加热熔融金属，电离的氢气溶入熔融金属，然后释放出来，在气体中形成了金属的超微粒子。此法的特征是混入等离子体中的氢气浓度增加，使超微粒子的生成量增加。

⑤机械合金法

此法是一种很可能成为批量生产纳米颗粒材料的方法。将合金粉末在保护气氛中，在一个能产生高能压缩冲击力的设备中进行研磨，它在三个互相垂直方向上运动，但只在一个方向上有最大的运动幅度。金属组分在很细的尺寸上达到均匀混合。此法可将金属粉末、金属间化合物粉末或难混溶粉末研磨成纳米颗粒。在大多数情况下，只需研磨几个小时或十几个小时就足以形成要求的纳米颗粒。钛合金和钛金属间化合物采用机械合金化法可制得 10 nm 左右的颗粒。通过高能球磨已制备出纯元素（碳、硅、锗）、金属间化合物（NiTi、Al_2Fe、Ni_3Al、Ti_3Al 等）、过饱和固溶体（Ti-Mg、Fe-Al、Cu-Ag 等）、三组元合金系（Fe/SiC、Al/SiC、Cu/Fe_3O_4）等各种类型的纳米材料。

(2)化学法

制备纳米粒子和纳米材料的方法主要是化学合成法。化学法一般是通过物质之间的化学反应来实现的。

①水解法

水解法是以无机盐和金属醇盐与水反应得到氢氧化物和水化物的沉淀，再加热分解的方法。

②沉淀法

在溶液状态下，将各成分原子混合，然后加入适当的沉淀剂来制备前驱体，再将此沉淀物进行煅烧，分解成为纳米级氧化物粉体。沉淀物的粒径取决于沉淀时核形成与核成长的相对速率。

另外，喷雾分解法、喷雾焙烧法、水热氧化法等也都是制备纳米微粒的常用方法。

1.4.2.2　按物质状态分类

纳米材料的制备方法按物质状态分有气相法、液相法和固相法三种。

(1)气相法制备纳米微粒

①低压气体蒸发法(气体冷凝法)

在低压的氩、氦等惰性气体中加热金属，使其蒸发后形成超微粒（1～1000 nm)或纳米微粒。可用电阻加热法、等离子喷射法、高频感应法、电子束法、激光法加热。不同的加热方法制备出的超微粒的量、品种、粒径大小及分布等存在一些差别。

气体冷凝法整个过程在超高真空室内进行，达到 0.1 Pa 以上的真空度后，充入低压(约 2 kPa)的纯净惰性气体(氦或氩，纯度约为 99.9996%)。置于坩埚内的物质，通过加热逐渐蒸发，产生蒸发质烟雾。由于惰性气体的对流，烟雾向上移动，并接近液氮温度的冷却棒(77 K 冷阱)。在蒸发过程中，由于物质原子与惰性气体原子碰撞而迅速损失能量而冷却，导致均匀成核，形成单个纳米微粒，最后在冷却棒表面上积聚起来，获得纳米粉。

②溅射法

用两块金属板分别作为阳极和阴极，阴极为蒸发用材料，在两电极间充入氩气(40～250 Pa)，两电极间施加0.3～1.5 kV电压。由于两电极间的辉光放电形成氩离子，在电场的作用下，氩离子冲击阴极靶材表面，使靶材原子从其表面蒸发出来，形成超微子，并在附着面上沉积下来。溅射法可制备高熔点和低熔点金属(常规的热蒸发法只能适用于低熔点金属)；也能制备多组元的化合物纳米微粒，如$Al_{52}Ti_{48}$、$Cu_{91}Mn_9$及ZrO_2等。

③通电加热蒸发法

碳棒与金属接触，通电加热使金属熔化，金属与高温碳素反应并蒸发形成碳化物超微粒子。在蒸发室内有氩气或氦气，压力为1～10 kPa。在制备碳化硅超微粒子时，在碳棒与硅板间通交流电(几百安)，硅板被其下面的加热器加热，当碳棒温度高于2473 K时，在它的周围形成了碳化硅超微粒的“烟”，然后将它们收集起来。

惰性气体种类不同，超微粒的大小也不同，氦气中形成的碳化硅为小球形，氩气中则为大颗粒。用此种方法还可以制备铬、钛、钒、锆、铪、铌、钽和钨等碳化物超微粒子。

(2)液相法制备纳米微粒

①沉淀法

沉淀法通常是在溶液状态下将不同化学成分的物质混合，在混合溶液中加入适当沉淀剂(如OH^-、$C_2O_4^{2-}$、CO_3^{2-}等)制备超微颗粒的前驱体沉淀物，再将此沉淀物进行干燥或焙烧，从而制得相应的超微颗粒。一般颗粒在微米左右时就可发生沉淀，从而生成沉淀物。所生成颗粒的粒径取决于沉淀物的溶解度，沉淀物的溶解度越小，相应颗粒的粒径也越小，而颗粒的粒径随溶液的过饱和度减小呈增大趋势。沉淀法包括共沉淀法、直接沉淀法和均匀沉淀法。

共沉淀法是最早采用的液相化学反应合成金属氧化物纳米颗粒的方法。此法把沉淀剂加入混合后的金属盐溶液中，促使各组分均匀混合，然后加热分解以获得超微粒。采用该法制备超微粒时，沉淀剂的过滤、洗涤及溶液pH、浓度、水解速度、干燥方式、热处理等都影响微粒的大小。目前此法已被广泛应用于制备钙钛型材料、尖晶石型材料、敏感材料、铁氧体及荧光材料的超微细粉。

直接沉淀法是仅用沉淀操作从溶液中制备氧化物纳米微晶的方法，即溶液中的某一种金属阳离子发生化学反应而形成沉淀物，其优点是容易制取高纯度的氧化物超微粉。

在沉淀法中，为避免直接添加沉淀产生局部浓度不均匀，可在溶液中加入某种物质，使之通过溶液中的化学反应，缓慢地生成沉淀剂。通过控制生成沉淀的速度，就可避免沉淀剂浓度不均匀的现象，使过饱和度控制在适当的范围内，从而控制粒子的生长速度，减小晶粒凝聚，制得纯度高的纳米材料。这就是均匀沉淀法。

沉淀法制备超微粒子过程中的每一个环节，如沉淀反应、晶粒长大、湿粉体的洗涤、干燥、焙烧等，都有可能导致颗粒长大和团聚。所以要得到颗粒粒度分布均匀的体系，要尽量满足两个条件：抑制颗粒的团聚；成核过程与生长过程相分离，促进成核控制生长。

②溶胶-凝胶法

溶胶-凝胶法是以无机盐或金属盐为前驱体，经水解缩聚逐渐凝胶化及相应的后处理而得到所需的材料。几个低温化学手段在相当小的尺寸范围内剪裁和控制材料的显微结构，使均匀性达到亚微米级、纳米级甚至分子级水平。影响溶胶-凝胶法材料结构的因素很多，主要包括前驱体、溶胶-凝胶法过程参数、结构膜板剂和后处理过程参数等。在众多的影响参数中，前驱物或醇盐的形态是控制交替行为及纳米材料结构与性能的决定性因素。利用有机大分子做膜板剂控制纳米材料的结构是近年来溶胶-凝胶法化学发展的新动向。通过调变聚合物的大小和修饰胶体颗粒表面能够有效地控制材料的结构性能。

溶胶-凝胶法包括溶胶的制备和溶胶-凝胶转化两个过程。凝胶指的是含有亚微米孔和聚合链的相互连接的网络。这种网络分为有机网络、无机网络和无机有机交互网络。溶胶-凝胶的转化又可分为有机和无机两种途径。

溶胶-凝胶法具有制品粒度均匀性好，粒径分布窄，化学纯度高，过程简单易操作，成本低，低温制备化学活性大的单组分或多组分分子级混合物，并且可以制备传统方法不能或难以制备的纳米微粒，反应物种多等特点。溶胶-凝胶法适用于氧化物和过渡金属族化合物的制备，其应用范围比较广。目前已经采用溶胶-凝胶法来制备莫来石、尖晶石、氧化锆、氧化铝等纳米微粒。

溶胶-凝胶法是制备纳米氧化钛的重要方法之一，而形成溶胶的过程（如水醇比）对氧化钛的粒径有重要的影响。一定量的钛酸丁酯按不同的体积比溶于无水乙醇中，搅拌均匀，加入少量硝酸以抑制强烈的水解。将乙醇加水混合液缓慢加入钛酸丁酯溶液中，以水酯摩尔比 4∶1 的量边加水边搅拌，直至反应物完全混合。通过水解与缩聚反应而制得溶胶，进一步缩聚而制得凝胶。在 50 ℃下干燥得到干凝胶，再经充分研磨后，置于电炉以 4 ℃/min 的速率缓慢升温至 500 ℃，保温 2 h，得到二氧化钛粉末。研究表明，随着乙醇加入量的增加，凝胶时间变长，二氧化钛纳米颗粒的平均晶粒呈下降趋势，并且油酸光催化氧化的催化效果提高。

(3)固相法制备纳米微粒

①高能球磨法

利用球磨机的转动或振动,使硬球对原料进行强烈的撞击、研磨和搅拌,把金属或合金粉末粉碎为纳米级微粒。如果将两种或两种以上金属粉末同时放入球磨机的球磨罐中进行高能球磨,粉末颗粒经压延、压合,又碾碎,再压合的反复过程(冷焊—粉碎—冷焊反复进行),最后获得组织和成分分布均匀的合金粉末。由于这种方法是利用机械能达到合金化,而不是用热能或电能,因此称为"机械合金化"。

可将相图上几乎不互溶的几种元素制成固溶体,这是用常规熔炼方法无法实现的。机械合金化方法成功地制备了多种纳米固溶体,如 Fe-Cu、Ag-Cu、Al-Fe、Cu-Ta、Cu-W 等。也可制备金属间化合物,如在 Fe-B、Ti-B、Ti-Al(-B)、Ni-Si、V-C、W-C、Si-C、Pd-Si、Ni-Mo、Nb-Al、Ni-Zr 等十多个合金系中,制备了不同晶粒尺寸的纳米金属间化合物。

②非晶化法

晶化法制备的纳米结构材料的塑性对晶粒的粒径十分敏感,只有晶粒直径很小时,塑性较好,否则材料变得很脆。因此,对于某些成核激活能小,晶粒长大激活能大的非晶合金,采用非晶化法才能获得塑性较好的纳米晶合金。

(4)模板法

所谓模板合成就是将具有纳米结构、价廉易得、形状容易控制的物质作为模子,通过物理或化学的方法将相关材料沉积到模板的孔中或表面,而后移去模板,得到具有模板规范形貌与尺寸的纳米材料的过程。模板法是合成纳米线和纳米管等一维纳米材料的一项有效技术,具有良好的可控制性,可利用其空间限制作用和模板剂的调试作用对合成材料的大小、形貌、结构和排布等进行控制。模板合成法制备纳米结构材料具有下列特点。

a. 多数模板性质可在广泛范围内精确调控。

b. 能合成直径很小的管状材料,形成的纳米管和纳米纤维容易从模板分离出来。

c. 可同时解决纳米材料的尺寸与形状控制及分散稳定性问题。

d. 特别适合一维纳米材料,如纳米线、纳米管和纳米带的合成。模板合成是公认的合成纳米材料及纳米阵列的最理想方法。

e. 所用模板容易制备,合成方法简单,很多方法适合批量生产。

模板法的类型大致可分为硬模板和软模板两大类。硬模板包括多孔氧化铝、二氧化硅、碳纳米管、分子筛以及经过特殊处理的多孔高分子薄膜等。软模板则包括表面活性剂、聚合物、生物分子及其他有机物质等。

①碳纳米管模板法

自从1991年发现碳纳米管以来，碳纳米管合成方法的优化、结构表征以及性能方面已有很多研究。碳纳米管是一层或若干层石墨碳原子卷曲形成的笼状纤维，可由直流电弧放电、激光烧蚀、化学气相沉积等方法合成，直径一般为0.4～20 nm，管间距0.34 nm左右，长度可从几十纳米到毫米级甚至厘米级，分为单壁碳纳米管和多壁碳纳米管两种。

以碳纳米管为模板可以制得多种物质的纳米管、纳米棒和纳米线。以碳纳米管作为模板制备的纳米材料既可覆盖在碳纳米管的表面，也可填充在纳米管的管芯中。将熔融的五氧化二钒、氧化铅、铅等组装到多层碳纳米管中可形成纳米复合纤维。通过液相方法将氯化银-溴化银填充到单壁碳纳米管的空腔中，经光解形成银纳米线。将C_{60}引入碳纳米管可制备C_{60}-碳纳米管复合材料。

首次成功制备的钒氧化物纳米管就是由碳纳米管作模板得到的。除了钒的氧化物纳米管外，用碳纳米管作模板也可以得到二氧化硅、氧化铝、氧化钼、氧化铷纳米管等。排列整齐的碳纳米管与氧化硅在1400 ℃下反应可以得到高度有序的碳化硅纳米棒，采用碳纳米管模板法可以制备多种金属、非金属氧化物的纳米棒，例如GeO_2、IrO_2、MoO_2、MoO_3、RuO_2、V_2O_5、WO_3以及Sb_2O_5纳米棒。

②多孔氧化铝模板法

多孔氧化铝(AAO)模板是高纯铝片经过除脂、电抛光、阳极氧化、二次阳极氧化、脱膜、扩孔而得到的，表面膜孔为六方形孔洞，分布均匀有序，孔径大小一致，具有良好的取向性，孔隙率一般为$(1\sim1.2)\times10^{11}$个/cm，孔径为4～200 nm，厚度为10～100 μm。氧化膜断面中膜孔道平直且垂直于铝基体，氧化铝膜背呈清晰的六方形网格。

制备多孔氧化铝时，电解液的成分、阳极氧化的电压、铝的纯度和反应时间对模板性质都有重要影响。制备阳极氧化铝膜的电解液一般采用硫酸、草酸、磷酸以及它们的混合液。这三种电解液所生成的膜孔大小与孔间距不同，顺序为：磷酸＞草酸＞硫酸(见表1.6)。因此，考虑规定大小的纳米线性材料的制备时，可采用不同的电解液。

利用多孔氧化铝膜作模板可制备多种化合物的纳米结构材料，如通过溶胶-凝胶涂层技术可以合成SiO_2纳米管，通过电沉积法可以制备Bi_2Te_3纳米线。这些多孔的氧化铝膜还可以被用作模板来制备各种材料的纳米管或纳米棒的有序阵列，包括半导体(CdS、GaN、Bi_2Te_3、TiO_2、In_2O_3、$CdSe$、MoS_2等)、金属(Au、Cu、Ni、Bi等)、合金(Fe_2Ag_{1-x})以及$BaTiO_3$、$PbTiO_3$和$Bi_{1-x}Sb_x$纳米线有序阵列等线形纳米材料。

表1.6　　不同条件下多孔氧化铝膜孔径的典型值

电介质类型	电介质温度(℃)	氧化电压(V)	孔径(nm)
1.2 mol/L H_2SO_4	1	19	15
0.3 mol/L H_2SO_4	14	26	20
0.3 mol/L $H_2C_2O_4$	14	40	40
0.3 mol/L $H_2C_2O_4$	14	60	60
0.3 mol/L H_3PO_4	3	90	90

将多孔氧化铝膜制备工艺移植到硅衬底上,以硅基集成为目的,研制硅衬底多孔氧化铝模板复合结构成为一个新的研究方向。利用铝箔在酸溶液中的两次阳极氧化制备出模板,调整工艺条件可得到有序孔阵列模板,孔的尺寸可在10～200 nm内变化,锗通过在硅衬底上的模板蒸发得到纳米点,这种纳米点的直径为80 nm,所研制的金属-绝缘体-半导体结构有存储效应。

(5)纳米薄膜的制备

纳米薄膜分两类:一类是由纳米粒子组成的(或堆砌而成的)薄膜;另一类是在纳米粒子间有较多的孔隙或无序原子或另一种材料,即纳米复合薄膜,其实指由特征维度尺寸为纳米数量级(1～100 nm)的组元镶嵌于不同的基体里所形成的复合薄膜材料。

纳米薄膜的制备方法主要包括:自组装技术、物理气相沉积、LB膜技术、MBE技术、化学气相沉积等。

1.4.3　纳米功能材料及其应用

由于纳米材料具有表面效应、量子尺寸效应、小尺寸效应和宏观量子隧道效应等特性,使纳米微粒的热、磁、光、敏感特性、表面稳定性、扩散和烧结性能,以及力学性能明显优于普通微粒。纳米材料的这些特性使它的应用领域十分广阔。它能改良传统材料,能源源不断地产生出新材料。例如,纳米材料的力学性能和电学性能可以使其成为高强、超硬、高韧性、超塑性材料以及绝缘材料、电极材料和超导材料等;它的热学稳定性可以使其成为低温烧结材料、热交换材料和耐热材料等;它的磁学性能可用于永磁、磁流体、磁记录、磁储存、磁探测器、磁制冷材料等;它的光学性能又可用于光反射、光通信、光储存、光开关、光过滤、光折射、红外传感器等;它的燃烧性能还可用于火箭燃料添加剂、阻燃剂等。纳米材料在材料科学领域将大放异彩,在新材料、能源、信息等高新技术领域和在纺织、军事、医学和生物工程、化工、环保等方面都将会发挥举足轻重的作用。

1.4.3.1　在纺织工业中的应用

纳米材料在纺织上的用途非常广泛。在化纤纺丝过程中加入少量纳米材料可生产出具有特殊功能的新型纺织材料。如果在化纤纺丝过程中加入金属纳米材料或碳纳米材料,可以纺出具有抗静电防微波性能的长丝纤维。纳米材料本身具有超强、高硬、高韧特性,把它和化学纤维融为一体,将使化纤成为超强、高硬和高韧的纺织材料。将纳米材料加入纺织纤维中,利用纳米材料对光波的宽频带、强吸、反射率低的特点,使纤维不反射光,外界看不到,达到隐身的目的。如把纳米 Al_2O_3、纳米 TiO_2 等加入到纤维中,可以制成抗氧化耐日晒的纤维。利用氧化锆吸收人体热能发射远红外线,可以制备远红外长丝。纳米级 Cu、Mg、TiO_2 等具有杀菌、抗红外、抗紫外的特点,利用它们制成的具有该功能的服装将大受欢迎。

科技发展到今天,人们对材料的认识和要求已不满足于其固有的结构与性能,而希望材料多功能化。利用纳米材料的特性开发多功能、高附加值的纺织品成为纺织行业的研究开发热点。纳米材料的应用方法主要有共接枝法、后整理法和混纺丝法三种。

①接枝法。对纳米微粒进行表面改性处理,同时利用低温等离子技术、电晕放电技术,激活纤维上某些基团而使其发生结合,或者利用某些化合物的“桥基”作用,把纳米微粒结合到纤维上,从而使天然纤维也具有耐久功能。

②后整理法。天然纤维可借助于分散剂、稳定剂和黏合剂等助剂,通过吸浸法、浸轧法和涂层法把纳米粉体加到织物上,使纺织品具有特殊功能,而其色泽、染色牢度、白度和手感等方面几乎不改变。此法工艺简单,适于小批量生产,但功能的耐久性差。

③混纺丝法。在化纤的聚合、熔融或纺丝阶段,加入功能性纳米粉体,纺丝后得到的合成纤维具有新的功能。例如,在芯鞘型复合纤维的皮、芯层原液中各自加入不同的粉体材料,可生产出具有两种以上功能的纤维。由于纳米粒子的表面效应,活性高,易与化纤材料相结合而共融混纺,而且粒子小,对纺织过程没有不良影响。此法的优点是纳米粉体可以均匀地分散到纤维内部,耐久性好,所赋予的功能可以稳定存在。

纳米材料的应用主要表现在高性能纤维,抗紫外、抗静电、抗电磁辐射、远红外功能、抗菌除臭等方面。

(1)高性能纤维

纳米纤维按其来源可以分为天然纳米纤维、有机纳米纤维、金属纳米纤维、陶瓷纳米纤维等。

①紫外线防护纤维

能将紫外线反射的化学品叫“紫外线屏蔽剂”。对紫外线有强烈选择性吸收,并能进行能量转换而减少它的透过量的化学品叫“紫外线吸收剂”。

常用紫外线屏蔽剂大多是金属、金属氧化物及其盐类。如二氧化钛、氧化锌、氧化铝、高岭土和碳酸钙等,都为无机物,具有无毒、无味、无刺激性、热稳定性好、不分解、不挥发、紫外线屏蔽性好,以及自身为白色等性能,是高效安全的紫外线防护剂。这些材料做成纳米粉体,微粒的尺寸与光波波长相当或更小时,小尺寸效应导致光屏蔽显著增强。纳米粉体的比表面积大,表面能高,在与高分子材料共混时,容易相互结合,是纺制功能化纤维的优选材料。

②远红外纤维

当红外辐射源的辐射波长与被辐射物体的吸收波长相一致时,该物体分子便产生共振,并加剧其分子运动,达到发热升温作用。把发射远红外线的陶瓷微粒引入纺织品中,利用太阳光能并把它转换成远红外线发射出来,达到积极的保暖作用,称为“积极保温材料”。用远红外织物做服装,一般使人的体感温度升高2～5 ℃。

(2)抗菌除臭

紫外线有灭菌消毒和促进人体内合成维生素 D 的作用而使人类获益,但同时也会加速人体皮肤老化和发生癌变的可能。各种纳米微粒对光线的屏蔽和反射能力不同。以纳米二氧化钛和纳米氧化锌为例,当波长小于 350 nm 时,二氧化钛和氧化锌的屏蔽率接近。当波长在 350～400 nm 时,二氧化钛的分光反射率比氧化锌屏蔽率低。紫外线对皮肤的穿透能力前者比后者大,而且对皮肤的损伤有累积性和不可逆性。因为氧化锌的折射率比氧化钛的小,对光的漫反射也低,所以氧化锌使纤维的透明度较高,有利于织物的印染整理。超微粒粒度大小也影响其对紫外线的吸收效果。波长在 300～400 nm 光波范围内,微粒粒径在 50～120 nm 时其吸收效率最大。

根据杀菌机理,无机抗菌剂可分为两种类型:光催化抗菌剂,如纳米二氧化钛、纳米氧化锌和纳米硅基氧化物等;元素及其离子和官能团的接触性抗菌剂,如 Ag、Ag^+、Cu、Cu^{2+}、Zn、SO_4^{2-} 等。

多种金属离子杀灭或抑制病原体的强度次序为:Ag＞Hg＞Cu＞Cd＞Cr＞Ni＞Pb＞Co＞Zn＞Fe。

由于镍、钴、铜离子对织物有染色,汞、镉、铅和铬对人体有害而不宜使用,所以常用的金属抗菌剂只有银和锌及其化合物。银离子的杀菌作用与其价态有关,杀菌能力 Ag^{3+}＞Ag^{2+}＞Ag^+。高价态银离子具有高还原电势,使周围空间产生氧原子,而具杀菌作用。低价态银离子则强烈吸引细菌体内酶蛋白中的硫基,进而结合使酶失去活性并导致细菌死亡。当菌体死亡后,Ag^+又游离出来得以周而复始地起杀菌作用。

纳米二氧化钛和纳米氧化锌等光催化杀菌剂不但能杀灭细菌本身,而且也能分解细菌分泌的毒素。对于纳米半导体,光生电子和空穴的氧化还原能力增强,受阳光或紫外线照射时,它们在水分和空气存在的体系中自行分解出自由电子(e^-),同时留下带正电的空穴,逐步产生化学反应。反应生成的化学物质具有较强的化学活性,能够把细菌、残骸和毒素一起消灭。对于人体汗液等代谢物滋生繁殖的表皮葡萄球菌、棒状菌和杆菌孢子等"臭味菌",纳米半导体也有杀灭作用。所产生的新自由基会激发链式反应,导致细菌蛋白质的多肽链断裂和糖类分解,从而达到除臭的目的。

1.4.3.2 在建筑材料中的应用

纳米材料以其特有的光、电、热、磁等性能为建筑材料的发展带来一次前所未有的革命。利用纳米材料的随角异色现象可制造新型涂料,利用纳米材料的自洁功能可制造抗菌防霉涂料、PPR 供水管,利用纳米材料具有的导电功能可制造导电涂料,利用纳米材料屏蔽紫外线的功能可大大提高 PVC 塑钢门窗的抗老化黄变性能,利用纳米材料可大大提高塑料管材的强度等。由此可见,纳米材料在建材中具有十分广阔的市场应用前景和巨大的经济、社会效益。

(1)纳米技术在混凝土材料中的应用

纳米材料由于具有小尺寸效应、量子效应、表面及界面效应等优异特性,因而能够在结构或功能上赋予其所添加体系许多不同于传统材料的性能。利用纳米技术开发新型的混凝土可大幅度提高混凝土的强度、施工性能和耐久性能。

(2)纳米技术在建筑涂料中的应用

纳米复合涂料就是将纳米粉体用于涂料中所得到的一类具有耐老化、抗辐射、剥离强度高或具有某些特殊功能的涂料。在建材(特别是建筑涂料)方面的应用已经显示特殊魅力,包括光学应用纳米复合涂料、吸波纳米复合涂料、纳米自洁抗菌涂料、纳米导电涂料、纳米高力学性能涂料。

(3)纳米技术在陶瓷材料中的应用

近年来国内外对纳米复相陶瓷的研究表明,在微米级基体中引入纳米分散相进行复合,可使材料的断裂强度、断裂韧性大大提高(2～4 倍),使最高使用温度提高 400～600 ℃,同时还可使材料的硬度、弹性模量、抗蠕变性和抗疲劳破坏性能提高。

1.4.3.3 在化学催化和光催化中的应用

(1)纳米粒子的催化作用

利用纳米超微粒子的高比表面积与高活性,可以显著地增进催化效率。它在燃烧化学、催化化学中起着十分重要的作用。

①分散于氧化物衬底上的金属纳米粉体的催化作用。将金属纳米粒子分散到溶剂中，再使多孔的氧化物衬底材料浸泡其中，烘干后备用，这就是浸入法催化剂的制备。离子交换法是将衬底进行表面修饰，使活性极强的阳离子附在表面，之后将处理过的衬底材料浸于含有复合离子的溶液中，由置换反应使衬底表面形成贵金属纳米粒子的沉积。吸附法是把衬底材料放入含聚合体的有机溶剂中，通过还原处理，金属纳米粒子在衬底沉积。此外，还有蒸发法、醇盐法等。

②金属纳米粒子的催化作用。火箭发射的固体燃料推进剂中，添加约1%(质量分数)超细铝或镍微粒，每克燃料的燃烧热可增加一倍。30 nm的镍粉能使有机物氢化或脱氢反应速率提高10～15倍；若用于火箭固体燃料反应触媒，可使燃料效率提高100倍。超细硼粉、高铬酸铵粉可以作为炸药的有效催化剂。超微粒子用作液体燃料的助燃剂，既可提高燃烧效率，又可降低排污。

贵金属铂、钯等超细微粒显示甚佳的催化活性，在烃的氧化反应中具有极高的活性和选择性。而且可以使用纳米非贵金属来替代贵金属。

③纳米粒子聚合体的催化作用。超细的铁、镍与γ-Fe_2O_3的混合经烧结体，可代替贵金属而作为汽车尾气的净化催化剂。超细的氧化铁微粒可在低温(270～300 ℃)下，将二氧化碳分解为水和碳；超细铁粉可在苯气相热分解(100～1100 ℃)中起成核作用，从而生成碳纤维。超细的铂粉、WC粉是高效的氮化催化剂。超细的银粉可作为乙烯氧化的催化剂。

一系列金属超微粒子沉积在冷冻的烷烃基质上，经过特殊处理后，将具有断裂C—C键或加成到C—H键之间的能力。

(2)光催化作用及半导体纳米粒子光催化剂

价带中的空穴在化学反应中是很好的氧化剂，而导带中的电子是很好的还原剂，有机物的光致降解作用，就是直接或间接地利用空穴氧化剂的能量。光催化反应涉及许多反应类型，如无机离子的氧化还原、醇与烃的氧化、氨基酸合成、固氮反应、有机物催化脱氢和加氢、水净化处理及水煤气变换等。半导体纳米粒子光催化效应在环保、水质处理、有机物降解、失效农药降解方面有重要的应用：

①将硫化镉、硫化锌、硫化铅、二氧化钛等以半导体材料小球状的纳米颗粒，浮在含有有机物的废水表面，利用太阳光使有机物降解。该法用于海上石油泄漏造成的污染处理。

②用纳米二氧化钛光催化效应，可从甲醇水合溶液中提取氢气；用纳米硫化锌的光催化效应，可从甲醇水合溶液中制取丙三醇和氢气。

③纳米二氧化钛在光的照射下对碳氢化合物有催化作用。若在玻璃、陶瓷或瓷砖表面涂一层纳米氧化钛可有很好的保洁作用，无论是油污还是细菌，在氧

化钛作用下进一步氧化很容易擦掉。日本已经生产出自洁玻璃和自洁瓷砖。

1.4.3.4 在医学和生物工程中的应用

纳米技术对生物医学工程的渗透与影响是显而易见的，它将生物兼容物质的开发，利用生物大分子进行物质的组装、分析与检测技术的优化，药物靶向性与基因治疗等研究引入微型和微观领域，并已取得了一些研究成果。

(1)纳米高分子材料

纳米高分子材料作为药物、基因传递和控制的载体，是一种新型的控释体系。纳米粒子具有超微小体积，能穿过组织间隙并被细胞吸收，可通过人体最小的毛细血管，还可以通过血脑屏障，故表现出许多优越性。

①靶向输送。

②帮助核苷酸转染细胞，并起到定位作用。

③可缓释药物，延长药物作用时间。

④提高药物的稳定性。

⑤保护核苷酸，防止被核酸酶降解。

⑥可在保证药物作用的前提下，减少给药剂量，减轻药物的毒副作用。

⑦建立一些新的给药途径。

纳米高分子材料的应用已涉及免疫分析、药物控制释放载体及介入性诊疗等许多方面。在免疫分析中，载体材料的选择十分关键。纳米聚合粒子尤其是某些具有亲水性表面的粒子，对非特异性蛋白的吸附量极少，而被广泛用作新型标记物载体。纳米高分子材料制成的药物载体与各类药物，无论是亲水的还是疏水的药，或者是生物大分子制剂，都有良好的相容性。某些药物只有运送到特定部位才能发挥其药效，可以用生物可降解的高分子材料对药物作保护，并控制药物的释放速度，以延长药物作用时间。因此纳米高分子材料能够负载或包覆多种药物，并可有效地控制药物的释放速度。纳米高分子粒子还可以用于某些疑难病的介入性诊断和治疗。由于纳米粒子比红细胞小得多，可在血液中自由运动。所以可注入各种对机体无害的纳米粒子到人体的各部位，检查病变和进行治疗。例如载有抗增生药物的乳酸-乙醇酸共聚物的纳米粒子，通过冠状动脉给药，可以有效防止冠状动脉再狭窄。

(2)纳米医学材料

传统的氧化物陶瓷是一类重要的生物医学材料，在临床上已有多方面的应用，例如制造人工骨、肩关节、骨螺钉、人工齿、人工足关节、肘关节等，还用作负重的骨杆、锥体人工骨。纳米陶瓷的问世，将使陶瓷材料的强度、硬度、韧性和超塑性大为提高，因此在人工器官制造、临床应用等方面，纳米陶瓷将比传统陶瓷有更广泛的应用，并有极大的发展前景。纳米微孔二氧化硅玻璃粉已被广泛用作功能性基体材料，譬如微晶储存器、微孔反应器、化学和生物分离基质、功能性分子吸附剂、生物酶催化剂载体、药物控制释放体系的载体等。纳米碳纤维具有低密度、高比模量、高比强度、高导电性等特性，而且缺陷数量极少、比表面积大、结构致密。利用这些超常特性和它的良好生物相容性，可使碳质人工器官、人工骨、人工齿、人工肌腱的强度、硬度和韧性等多方面性能显著提高。还可利用其高效吸附特性，把它用于血液的净化系统，以清除某些特定的病毒或成分。

(3)纳米中药

纳米中药指运用纳米技术制造的粒径小于 100 nm 的中药有效成分、有效部位、原药及其复方制剂。纳米中药不是简单地将中药材粉碎成纳米颗粒，而是针对中药方剂的某味药的有效部位甚至是有效成分进行纳米技术处理，使之具有新的功能，如降低毒副作用、拓宽原药适应性、提高生物利用度、增强靶向性、丰富中药的剂型选择、减少用药量等。

纳米中药的制备要考虑到中药组方的多样性和中药成分的复杂性。要针对植物药、动物药、矿物药的不同单味药，以及无机、有机、水溶性和脂溶性的不同有效成分确定不同的技术方法。也应该在中医理论的指导下研究纳米中药新制剂，使之成为速效、高效、长效、低毒、小剂量、方便的新制剂。纳米中药微粒的稳定性参数可以纳米粒子在溶剂中的δ电位来表征。一般憎液溶胶δ电位绝对值大于 30 mV 时，方可消除微粒间的分子间力，避免聚集。有效的措施是用超声波破坏团聚体，或者加入反凝聚剂形成双电层。

聚合物纳米中药的制备有两种。一是采用壳聚糖、海藻酸钠凝胶等水溶性的聚合物。例如，将含有壳聚糖和两嵌段环氧乙烷-环氧丙烷共聚物水溶液与含有三聚磷酸钠水溶液混合得到壳聚糖纳米微粒。这种微粒可以和牛血清白蛋白、破伤风类毒素、胰岛素和核苷酸等蛋白质有良好的结合性。已经采用这种复合凝聚技术制备 DNA-海藻酸钠凝胶纳米微粒。二是把中药溶入聚乳醇有机溶液中，在表面活性剂的帮助下形成 O/W 或 W/O 型乳液，蒸发有机溶剂，含药聚合物则以纳米微粒分散在水相中，并可进一步制备成注射剂。

聚合物纳米中药具有以下优点：

①纳米微粒表面容易改性而不团聚，在水中形成稳定的分散体。

②采用了可生物降解的聚合材料。

③高载药量和可控制释放。

④聚合物本身经改性后具有两亲性，从而免去了纳米微粒化时表面活性剂的使用。

(4)DNA 纳米技术

DNA 纳米技术是指以 DNA 的理化特性为原理设计的纳米技术，主要应用于分子的组装(尤其是需要循环列阵的晶体结构和记忆驱动系统)。DNA 复制过程中所体现的碱基的单纯性、互补法则的恒定性和专一性、遗传信息的多样性以及构象上的特殊性和拓扑靶向性,都是纳米技术所需要的设计原理。

因物理学、光学、光化学特性,纳米大小的胶体粒子广泛应用于化学传感器、色谱激发器等物理学领域。DNA 纳米技术则使它的组装构型成为可能。

同时,DNA 技术的发展有助于 DNA 纳米技术的成熟。例如,在分子生物学的实验方法中,PCR 技术成为最经典、最常用的复制 DNA 的方法。Bukanov 等研制的 PD 环(在双链线性 DNA 中复合一段寡义核苷酸序列)比 PCR 扩增技术具有更大的优越性。它的引物无须保存于原封不动的生物活性状态,而且产物具有高度序列特异性,不像 PCR 产物那样可能发生错配现象。

被制成基因载体的 DNA 和明胶纳米粒子凝聚体含有氯奎和钙,而明胶与细胞配体运铁蛋白共价结合。纳米粒子在很小的 DNA 范围内形成,并在反应中与超过 98%的 DNA 相结合,用明胶交联来稳定粒子并没有影响 DNA 的电泳流动性。DNA 在纳米中部分避免了被脱氧核糖核酸酶Ⅰ的分解,但还能被高浓度的脱氧核糖核酸酶完全降解,被纳米粒子包裹的 DNA 只有在钙和包裹运铁蛋白的纳米粒子存在的情况下,才能进行最佳的细胞转染作用。利用编码 CFTR 模拟系统可证明被纳米粒子包裹 DNA 的生物完整性。用包含这种基质的纳米粒子对人工培养的人类气管上皮细胞进行转染,结果超过 50%的细胞 CFTR 表明,转染效率与 CFTR DNA 纳米粒子的物理、化学性质有关。而且在氯化物中输送的 CFTR 缺陷的人类支气管上皮细胞,在被包含有 CFTR 输送基因的纳米粒子转染时可以提高有效的输送活性。

(5)纳米医疗技术

纳米技术导致纳米机械装置和传感器的产生。纳米机器人是纳米机械装置与生物系统的有机结合,在生物医学工程中充当微型医生,解决传统医生难以解决的问题。这种纳米机器人可注入人体血管内,成为血管中运作的分子机器人。它们从溶解在血液中的葡萄糖和氧气中获得能量,并按医生通过外界声信号编制好的程序探视它们碰到的任何物体。它们也可以进行全身健康检查,疏通脑血管中的血栓,清除心脏动脉脂肪沉积物,吞噬病菌,杀死癌细胞。纳米机器人还可以用来进行人体器官的修复工作,如修复损坏的器官和组织,做整容手术,进行基因装配工作,即从基因中除去有害的 DNA;或把 DNA 安装在基因中,使机体正常运转;或使引起癌症的 DNA 突变发生逆转而延长人的寿命;或使人返老还童。

纳米生物计算机的主要材料之一是生物工程技术产生的蛋白质分子,并以此作为生物芯片。在这种生物芯片中,信息以波的方式传播,其运算速度要比当今最新一代计算机快10到几万倍,能量消耗仅相当于普通计算机的十亿分之一,存储信息的空间仅占百亿分之一。由于蛋白质能够自我组合,再生出新的微型电路,使得纳米生物计算机具有生物体的一些特点,如能模仿人脑的机制、发挥生物本身的调节机能自动修复芯片上发生的故障等。纳米生物计算机的发展必将使人们在任何时候、任何地方都可享受医疗,而且可在动态检测中发现疾病的先兆,从而使早期诊断和预防成为可能。

纳米技术的应用已有了原型样机,堪培拉分子工程技术合作研究中心完成了填充了直径为1.5 nm离子通道的合成膜的生物传感器。专家预测,纳米技术的医学应用初期将集中于体外,如含有纳米尺寸离子通道的人工膜生物传感器将使医学检测、生物战剂侦测及环境检测改观。在此基础上建立的纳米医学,可能应用由纳米计算机控制的纳米机器,以引导智能药物到达目标场所发挥作用。

纳米技术和生物学相结合可研制生物分子器件。以分子自组装为基础制造的生物分子器件是一种完全抛弃以硅半导体为基础的电子元件。在自然界能保持物质化学性质不变的最小单位是分子,一种蛋白质分子可被选作生物芯片的理想材料。现在已经利用蛋白质制成了各种开关器件、逻辑电路、存储器、传感器、检测器以及蛋白质集成电路等生物分子器件。利用细菌视紫红质和发光染料分子研制出具有电子功能的蛋白质分子集成膜,可使分子周围的势场得到控制的新型逻辑元件;利用细菌视紫红质也可制作光导与“门”;利用发光门制成蛋白质存储器,进而研制模拟人脑联想能力的中心网络和联想式存储装置。利用它还可以开发出光学存储器和多次录抹光盘存储器。

1.4.3.5 在航天领域中的应用

(1)固体火箭催化剂

固体火箭推进剂主要由固体氧化剂和可燃物组成。固体火箭推进剂的燃烧速度取决于固体氧化剂与可燃物的反应速度,它们之间的反应速度的大小主要取决于固体氧化剂和可燃物接触面积的大小以及催化剂的催化效果。纳米材料由于粒径小、比表面积大、表面原子多、晶粒的微观结构复杂并且存在各种点阵缺陷,因此具有高的表面活性。正因为如此,用纳米催化剂取代火箭推进剂中的普通催化剂成为国内外研究的热点。

(2)纳米改性聚合物基复合材料

纳米材料的另一重要应用是制造高性能复合材料。北京玻璃钢研究院的研究表明,将某些纳米粒子掺入树脂体系,可使玻璃钢的耐烧蚀性能大大提高。这些研究对于提高导弹武器酚醛防热烧蚀材料性能、改善武器系统工作环境、提高武器系统突防能力有着深远影响。

(3)增韧陶瓷结构材料和"太空电梯"的绳索

陶瓷材料在通常情况下呈现脆性,只在 1000 ℃以上温度时表现出塑性,而纳米陶瓷在室温下就可以发生塑性变形,在高温下有类似金属的超塑性。碳纳米管是石墨中一层或若干层碳原子卷曲而成的笼状"纤维",内部是空的,直径只有几到几十纳米。这样的材料很轻,很结实,而强度也很高,这种材料可以做防弹背心、"太空电梯"绳索等。

此外,纳米材料在航天领域还有很多的应用,如利用纳米材料对光、电吸收能力强的特点可制作高效光热、光电转换材料,可高效地将太阳能转换成热、电能,在卫星、宇宙飞船、航天飞机的太阳能发电板上可以喷涂一层特殊的纳米材料,用于增强其光电转换能力;在电子对抗战中将各种金属材料及非金属材料(石墨)等经超细化后,制成的超细混合物用于干扰弹中,对敌方电磁波的屏蔽与干扰效果良好等。

1.4.3.6 在涂料领域中的应用

近十多年来,纳米材料在涂料中的应用不断拓展。纳米材料以其特有的小尺寸效应、量子效应和表面界面效应,显著提高了涂料涂层的物理机械性能和抗老化等性能,甚至赋予涂层特殊的功能,如吸波、抗菌、导电、耐刮擦、自清洁等。纳米二氧化钛、纳米二氧化硅、纳米氧化铝、纳米碳酸钙等纳米填料的工业化生产,更起到了积极的促进作用,带动了纳米材料在粉末涂料中的应用研究。

纳米材料由于其表面和结构的特殊性,具有一般材料难以获得的优异性能,显示出强大的生命力。表面涂层技术也是当今世界关注的热点。纳米材料为表面涂层提供了良好的机遇,使得材料的功能化具有极大的可能。借助于传统的涂层技术,添加纳米材料,可获得纳米复合体系涂层,实现功能的飞跃,使得传统涂层功能改性。

(1)耐刮擦粉末涂料

熔融挤出或干混加入纳米二氧化硅、纳米氧化铝和纳米氧化锗等刚性纳米粒子,均可有效提高涂层的表面硬度和耐刮擦、耐磨损性能。

(2)抗菌粉末涂料

在粉末涂料中,采用挤出或干混方式加入纳米材料,或经纳米技术处理的抗菌剂、负离子发生剂等均可制得抗菌性粉末涂料涂层。目前,研究人员分别利用纳米抗菌剂,采用近似常规粉末涂料生产工艺制备了抗菌粉末涂料,涂层抑菌率都超过 99%;利用纳米技术处理的负离子粉研制的负离子粉末涂料,常温下可产生负离子 2～5 个/cm^3。

(3)耐候粉末涂料

目前研制的纳米环氧粉末涂料,加入纳米 α-Fe_2O_3 后,环氧涂层 80 h UV 失光率从 99%改善到 10%;将纳米材料采用高低速(300～5000 r/min)交替混合分散方法,制得纯聚酯粉末涂料,涂层抗冲击强度超过 60 kg・cm,耐老化时间达到 1200 h;将 0.5%～5.0%的无机纳米复合材料进行高速混合分散,然后熔融挤出,制得聚氨酯粉末涂料,其耐候性指标比不加纳米材料提高了 100%～200%。

1.4.3.7　在环境保护中的应用

纳米材料对各个领域都有不同程度的影响和渗透,特别是纳米材料在环境保护和环境治理方面的应用,给我国乃至全世界在治理环境污染方面带来了新的机会。下面对几种目前在环境保护和环境治理方面研究和应用较多的纳米材料作一介绍。

随着人们生活水平的提高,交通工具越来越发达,汽车拥有量越来越多,汽车所排放的尾气已成为污染大气环境的主要来源之一。汽车尾气的治理成为各国政府亟待解决的难题。研究发现,纳米级稀土钙钛矿型复合氧化物 ABO,对汽车尾气所排放的一氧化碳、一氧化氮、碳氢化合物具有良好的催化转化作用。把它作为活性组分负载于蜂窝状堇青石载体制成的汽车尾气催化剂,其三元催化效果较好,且价格便宜,可以替代昂贵的贵金属催化剂。近年来,很多稀土钙钛矿型复合氧化物已经投放市场应用于汽车尾气的治理。

人们在研究二氧化钛光催化性能的同时,发现纳米氧化锌作为功能材料也具有优异的性能,在环境保护和治理方面同样显示出广阔的应用前景。在紫外光的照射下,纳米氧化锌具有光催化剂的作用,能分解有机物质,可以制成抗菌、除臭和消毒产品,保护和净化环境。纳米氧化锌还可以作为气体报警材料和抗紫外线材料。此外,载有金属离子的纳米材料具有很好的抗菌功能。我国科学工作者对载有 Ag^+ 的纳米材料进行了抗菌性方法实验,证明了载有 Ag^+ 的纳米材料具有良好的抗菌功能,Ag^+ 可使细胞膜上的蛋白失活,从而杀死细胞。还可以用纳米材料制成孔径比病毒还小的过滤膜净化水,人喝了这种水可以减少肾的负担。

自 1976 年 J. H. Cary 等人报道了在紫外线照射下,纳米二氧化钛可使难降解的有机化合物多氯联苯脱氯的光催化氧化水处理技术后,引起了各国众多研究者的普遍重视。迄今为止,已经发现有 3000 多种难降解的有机化合物可以在紫外线的照射下通过纳米二氧化钛或氧化锌迅速降解,特别是当水中有机污染物浓度很高或用其他方法很难降解时,这种技术有着明显的优势。研究较多的是纳米二氧化钛,其不但具有纳米材料的特性,还具有优良的光催化性能,可以分解有机废水中的卤代脂肪烃、卤代芳烃、有机酚类、酚类等以及空气中的甲醛、甲醇、丙酮等有害污染物为二氧化碳和水。纳米二氧化钛在环境污染治理方面发挥着越来越大的作用。

随着纳米材料和纳米技术基础研究的深入和实用化进程的发展，纳米材料在环境保护和环境治理方面的应用显现出欣欣向荣的景象。纳米材料与传统材料相比具有很多独特的性能，以后还会有更多的纳米材料应用于环境保护和治理，许多环保难题诸如大气污染、污水处理、城市垃圾等将会得到解决。我们将充分享受纳米技术给人类带来的洁净环境。

纳米材料在其他方面也有广阔的应用前景。美国、英国等国家已成功制备出纳米抛光液，并有商品出售。纳米微粒使抛光剂中的无机小颗粒越来越细，分布越来越窄，适应了更高光洁度的晶体表面的抛光。另外，纳米技术制备的静电屏蔽材料用于家用电器和其他电器的静电屏蔽具有良好的作用。日本松下公司已利用氧化铝、二氧化钛、氧化铬和氧化锌的纳米微粒成功研制出具有良好静电屏蔽的纳米材料，这种纳米静电屏蔽涂料不但有很好的静电屏蔽特性，而且也克服了炭黑静电屏蔽涂料只有单一颜色的单调性。

纳米粒子在工业上的初步应用也显示出了它的优越性。美国把纳米氧化铝加到橡胶中提高了橡胶的耐磨性和介电特性；日本把氧化铝纳米颗粒加入普通玻璃中，明显改善了玻璃的脆性；美国科学工作者把纳米微粒用于印刷油墨，正准备设计一套商业化的生产系统，不再依靠化学颜料而是选择适当体积的纳米微粒来得到各种颜料。

导电浆料是电子工业重要的原材料。德国科学工作者用纳米银代替微米银制成了导电胶，可以节省银粉50%，用这种导电胶焊接金属和陶瓷，涂层不需太厚，而且涂层表面平整，备受使用者的欢迎。近年来，人们已开始尝试用纳米微粒制成导电糊、绝缘糊和介电糊等，在微电子工业上正在发挥作用。

纳米材料诱人的应用前景使人们对这一崭新的材料科学领域和全新研究对象努力探索，扩大其应用范围，使它为人类带来更多的利益。

第2章 碳纳米管的性质及碳纳米管增强复合材料

2.1 碳纳米管的结构及性质

2.1.1 碳纳米管的结构

碳纳米管又称“巴基管”，它可以看成是由石墨的碳原子层卷曲而成的圆柱状的无缝纳米级管。碳纳米管的直径一般在零点几纳米到几十纳米，长度一般为几十纳米至微米级，也有超长的碳纳米管，长度为几个微米。

根据构成碳纳米管石墨片的层数，碳纳米管可以分为两类，如图2.1所示。第一类为多壁碳纳米管(Multi-Walled Nanotubes，MWNTs)，一般认为是由多个同心的圆柱面围成的一种中空结构，具有两层及两层以上的管壁结构。每层碳纳米管由碳原子通过 sp^2 杂化与周围3个碳原子完全键合成六边形平面进而围成圆柱面，两端由五边形或七边形参与封闭而成。多壁碳纳米管层与层之间的距离约为0.347 nm，稍大于单晶石墨的层间距0.335 nm。另一类为单壁碳纳米管(Single-Walled Nanotubes，SWNTs)，是由石墨片层卷曲而成的无缝中空管，管体由六边形的碳原子网格构成，两端由两个半球形的富勒烯分子封口。单壁碳纳米管的直径一般为0.4～3 nm。

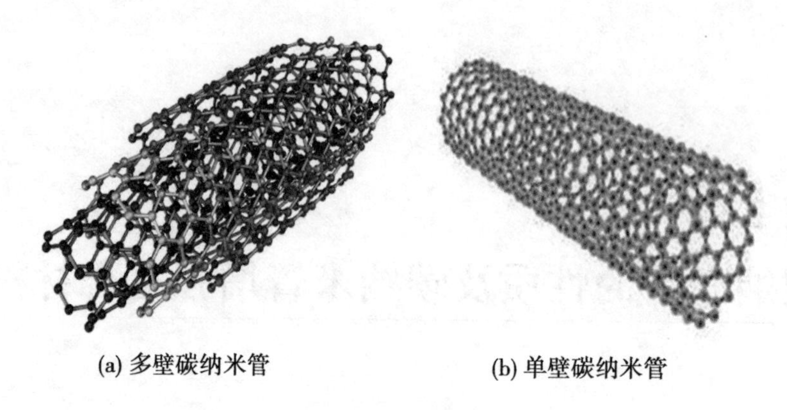

图 2.1　多壁、单壁碳纳米管结构示意图

碳纳米管作为一维纳米材料，重量轻，六边形结构连接完美，有着很好的力学、化学和电学性能。碳纳米管的性能与其结构有着密切关联，令 $\boldsymbol{a}_1$ 和 $\boldsymbol{a}_2$ 为石墨片的单胞基矢，则有矢量 $\boldsymbol{C}_h = m\boldsymbol{a}_1 + n\boldsymbol{a}_2$，由此确定的$(m,n)$这对整数直接决定了碳纳米管的结构参数（直径和手性）。根据(m,n)不同，即使直径相近的碳纳米管，也会由于手性不同而表现出不同的金属性或半导体性。研究表明，当$(m-n)$可以被 7 整除时，碳纳米管将表现为金属性，对应较宽的能带隙；反之，则将表现为半导体性，对应较窄的能带隙。另一方面，即使同为半导体性的碳纳米管，直径的不同也会导致能带隙宽度的差异。因此可以说，碳纳米管是具有无限可能的结构类型的碳“分子”，对应无限多种的物理性质。图 2.2(a)所示为碳纳米管蜂巢结构示意图，其中 $\boldsymbol{a}_1$，$\boldsymbol{a}_2$ 为基矢。沿(m,n)为(8,8)、(8,0)、(10,−2)折叠石墨片层可分别获得扶椅形[Armchair，见图 2.2(b)]、“之”字形[Zrg-zag，见图 2.2(c)]、手性形[Chairal，见图 2.2(d)]碳纳米管。

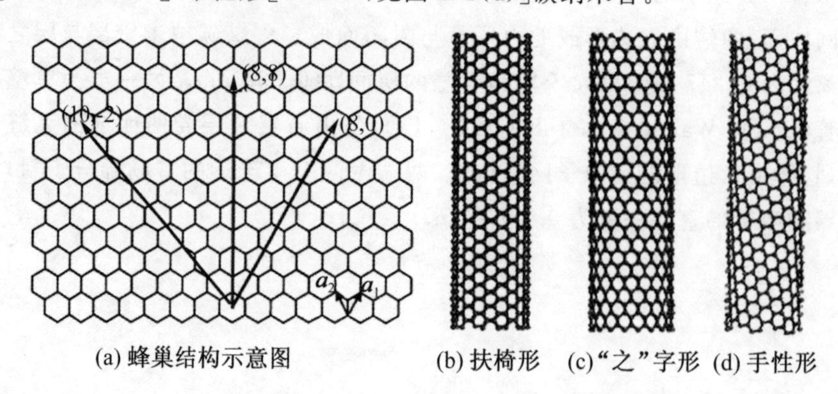

图 2.2　碳纳米管

2.1.2 碳纳米管的主要性质

碳纳米管作为一种具有特殊结构的一维纳米材料，它重量轻，六边形结构连接完美，具有优异的力学、电学、热学、磁学等性能，是目前综合性能最好的材料。碳纳米管可以看成是由石墨的碳原子层卷曲而成的圆柱状的无缝纳米级管，这种闭合的结构使碳纳米管具有石墨的许多平面性能，如耐热、耐腐蚀、耐热冲击、传热和导电性好、有自润滑性等一系列的综合性能。但碳纳米管的尺寸、结构、拓扑学因素和碳原子相结合又赋予碳纳米管极为独特而又有广阔应用前景的性能。

2.1.2.1 碳纳米管的力学性质

sp^2 杂化形成的C—C共价键是自然界最稳定的化学键之一，加上碳纳米管独特良好的结构完整性，使得碳纳米管具有很高的强度、韧性及弹性模量。但是由于碳纳米管的纳米尺寸和易团聚缠绕的特点，直接采用传统宏观实验方法测量其力学性质往往比较困难，因此研究人员主要通过采用辅助试验和力学模拟等间接方法对碳纳米管的力学性质进行研究。

Treacy等观测了在透射电子显微镜(TEM)下用电子束加热的碳纳米管的热振动振幅，通过计算11根多壁碳纳米管的弹性模量，得到多壁碳纳米管的弹性模量平均值为1.8 TPa，并且随着多壁碳纳米管直径的减小，其弹性模量增大。Lourie等人将单壁碳纳米管植入环氧树脂-碳纳米管薄膜中，通过Raman谱仪测量出薄膜的压缩变形，得到单壁碳纳米管的杨氏模量为2.8～3.6 TPa，多壁碳纳米管的杨氏模量为1.7～2.4 TPa。Yakobson等比较了分子动力学模拟结果和连续壳模型的结果，拟合得到碳纳米管的杨氏模量为5.5 TPa。Comwell等人采用Tersoff势函数分子动力学计算出直径为1 nm的单壁碳纳米管的弹性模量大约为4 TPa。Gao等在碳纳米管上外加一个交变电压，通过适当调节电压可以精确检测到共振的频率，利用共振频率可以计算出碳纳米管的弯曲模量。可以看出，虽然采取的方法不同，但均表明碳纳米管具有很好的弹性模量。

Yu等分别对单根多壁碳纳米管和单壁碳纳米管束施加拉伸载荷，结果发现多壁碳纳米管均从最外层开始发生断裂，呈“鞘中剑”断裂机制，该层的拉伸强度为11～63 GPa，弹性模量为270～950 GPa，且拉伸应变达到12%时发生断裂；如果仅考虑管束周边的碳纳米管参与受力，则单壁碳纳米管的拉伸强度为13～52 GPa(平均值为30 GPa)，弹性模量为0.32～1.47 TPa(平均值为1.002 TPa)，且管束断裂延伸率低于5.3%。Yakobson等采用分子动力学模拟得出碳纳米管的抗拉强度为150 GPa。Zhu等对直径为10 μm数量级、长度为20 cm的单壁碳纳米管长丝进行宏观拉伸试验，结果表明单壁碳纳米管长丝的抗拉强度为1.2 GPa，弹性模量为77 GPa，根据实际承载的管束面积换算得出单壁碳纳米管束的抗拉强度为2.4 GPa，弹性模量为150 GPa。Li等对直径为3～25 μm数量级、长度为10 mm左右的双壁碳纳米管长丝进行类似的拉伸试验，结果表明双壁碳纳米管长丝的抗拉强度为1.2 GPa，弹性模量为16 GPa，根据实际承载的管束面积换算得出双壁碳纳米管束的抗拉强度为6 GPa，弹性模量为80 GPa。Walters等采用原子力显微镜侧向力模式对单壁碳纳米管进行横向加载，得到单壁碳纳米管的抗拉强度为45 GPa。Iijima等研究了碳纳米管在垂直于轴向方向施加压力作用下的弯曲性能，结果表明碳纳米管具有良好的柔韧性，最大的弯曲角度超过110°，如图2.3所示。

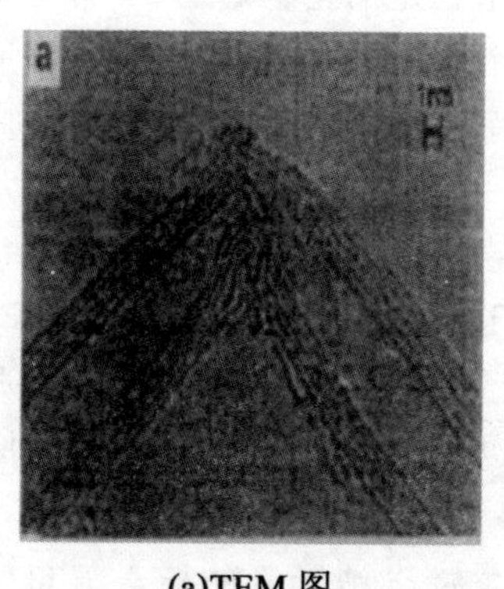

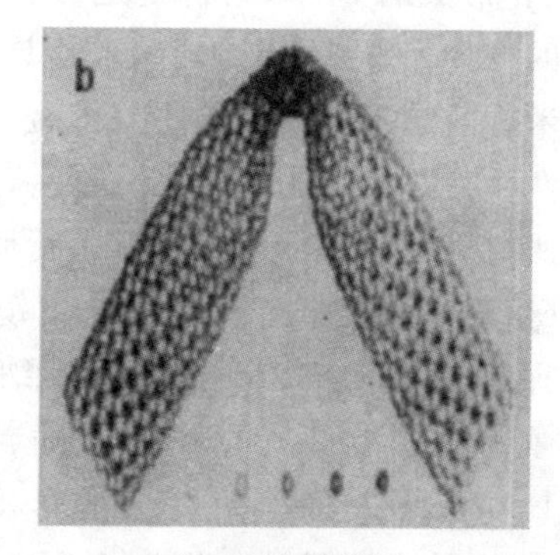

(a)TEM 图　　(b) 理论模拟图

图2.3　碳纳米管受力弯曲的TEM图和理论模拟图

众多的研究表明，碳纳米管很好的结构完整性以及 sp^2 杂化形成的C—C键使其具有近乎完美的力学性能。其抗拉强度为50～200 GPa，比碳纤维至少高一个数量级，超过钢的100倍；杨氏模量超过1 TPa，约为钢的5倍；而密度为1.3～1.4 g/cm^3，仅为钢材的1/6。碳纳米管的纳米尺寸使其具有很大的比表面积和极高的表面活性，其长径比可达100～1000，以及 sp^2、sp^3 杂化概率的不同表现出极强的抵抗变形的能力，即使发生了变形，当外力消失后，碳纳米管也能在极短的时间内恢复原状，相应的轴向延伸率可达20，其弹性应变为5%～12%，是钢材的60多倍。碳纳米管无论是强度还是韧性，都远远优于其他材料。碳纳米管与相关材料的力学性能的比较如表2.1所示。

表 2.1　　碳纳米管与其他材料的力学性能的比较

材料名称	杨氏模量(GPa)	抗拉强度(GPa)	密度(g/cm^3)
单壁碳纳米管	1054	50～200	—
多壁碳纳米管	1200	50～200	1.3
钢	208	0.4	7.8
环氧树脂	3.5	0.005	1.25
木材	16	0.008	0.6

由于碳纳米管具有独特的微观结构,因此表现出良好的稳定性,特别是轴向稳定性。结构的稳定性使碳纳米管表现出良好的抗变形能力,即非常高的弹性模量。同时碳纳米管有很高的轴向强度和刚度,且独特的中空无缝管状结构使其具有较低的密度,因此非常适合用作其他材料的增强材料,与其他基体材料结合形成性能优异的复合材料。将碳纳米管作为复合材料增强相,可表现出良好的强度、弹性、抗疲劳性及各向同向性,这可能带来复合材料性能的一次飞跃。

2.1.2.2　碳纳米管的电学性质

碳纳米管与石墨一样,碳原子之间通过 C—C 键结合,碳原子最外层的 4 个电子通过 sp^2 杂化,产生 3 个能级相同的轨道与其他碳原子形成结合力较强的 σ 键,每个碳原子有一个未成对电子位于垂直于层片的 π 轨道上,因此碳纳米管具有良好的导电性能,导电性介于导体和半导体之间。

碳纳米管的导电性能随着螺旋角和直径的不同,可表现为金属导电性和半导体性能。理论研究表明,对于结构为(m,n)的碳纳米管,其金属导电性发生的条件为 $m-n=3q$(q 为整数),其余表现为半导体性。这就意味着三分之一的碳纳米管是金属性管,而三分之二是半导体性管。利用碳纳米管的导电性,可以制作传感器、场发射器、电子显微镜探针等。

2.1.2.3　碳纳米管的热学性质

碳纳米管独特的结构和尺寸对其热学性能有很大的影响。由于碳纳米管是由石墨片卷曲而成的,因此其在轴向上的热导率与金刚石的一致,具有极高的热导率,是目前世界上最好的导热材料。研究表明,单独一根多壁碳纳米管束的室温热导率预计达 3000 W/(m·K),单独一根单壁碳纳米管的室温热导率达 6000 W/(m·K),而单壁碳纳米管束和多壁碳纳米管束的室温热导率变化范围为 1800～6000 W/(m·K)。同时还发现,即使把碳纳米管绑在一起,热量也不会从一个碳纳米管传到另一个碳纳米管上,其在径向的热导率远小于轴向的热导率,这说明对于具有极高长径比的准一维碳纳米管而言,热量主要是沿着轴向传递的。

2.2 碳纳米管的制备及分散

2.2.1 碳纳米管的制备

自1991年日本物理学家Iijima在高分辨率透射电镜下观察电弧放电法合成全碳分子C_{60}的产物中发现了多壁碳纳米管以来，许多研究人员致力于研究制备方法简单、能够大批量生产、纯度高、管径均匀、结构缺陷少的碳纳米管生产工艺。进行大批量、低成本的合成工艺是碳纳米管实现工业化应用的基础。目前，常用的制备碳纳米管的方法主要有电弧法(Arcdischarge Methods)、激光蒸发法(Laser Ablation Methods)、化学气相沉积法(Chemical Vapor Deposition Methods)。

电弧法和激光蒸发法的共同特点是利用电弧或者激光等物理手段在局部引入极高的功率，使碳的原子结构发生重新排列。由于在作用过程中局部温度会高达3000～4000 ℃，有利于石墨层的排列整齐，因此这类方法获得的碳纳米管一般具有较完美的结构和较高的纯度。但是这类方法可控制因素少，尤其是持续的、大规模的引入时保持反应所需要的高能量输入非常困难，这使得大规模连续化制备碳纳米管比较困难。而化学气相沉积法设备简单、条件易控、能大规模制备、可直接生长在合适的基底上，但杂质较多，需要后续处理。

2.2.1.1 电弧法

电弧法是生产碳纳米管的主要方法。1991年日本Iijima就是在采用石墨电弧法生产富勒烯的过程中首次发现碳纳米管的。电弧法合成碳纳米管的基本原理是，用含金属催化剂的石墨棒作阳极，通过电弧放电在阴极上沉淀形成碳纳米管。图2.4是电弧法制备碳纳米管的工艺简图。电弧法的具体过程是：将石墨电极置于充满氦气或氩气的反应容器中，在两极之间激发出电弧，此时温度可以达到4000 °C左右。在这种条件下，石墨会蒸发，生成的产物有富勒烯(C_{60})、无定形碳和单壁或多壁的碳纳米管。通过控制催化剂和容器中的氢气含量，可以调节几种产物的相对产量。使用这一方法制备的碳纳米管技术上比较简单，并且得到的往往都是多壁碳纳米管。采用这种方法生产的多壁碳纳米管较其他方法得到的碳纳米管直而且缺陷较少，因此具有更强的机械强度和更好的导热导电性能。影响碳纳米管直径、产率、纯度及结构的主要工艺参数包括：电弧电流、催化剂种类及粒度、气压、环境温度以及缓冲气体的种类等。

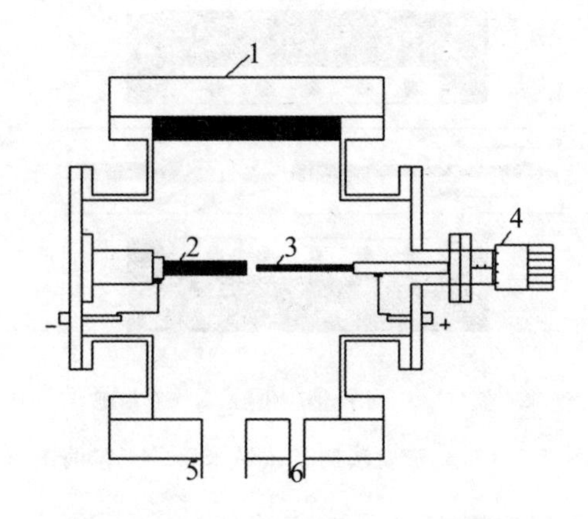

1—密封盖　2—石墨阴极　3—石墨阳极
4—石墨阳极进给系统　5—接真空系统　6—通保护气体

图 2.4　电弧法制备碳纳米管的工艺简图

2.2.1.2　激光蒸发法

激光蒸发法是一种简单有效的制备碳纳米管的新方法。其基本原理就是利用脉冲的或连续的紫外、可见激光蒸发在石墨靶上的碳原子和金属催化剂，在低压惰性气体环境中形成碳纳米管并随着载气的流动而沉积在收集器上。图 2.5 为激光蒸发法制备碳纳米管的工艺简图。激光蒸发法的具体过程是：将一根金属催化剂与石墨混合的石墨靶放置在装有石英管的加热炉内，当炉内温度升至 1200 ℃时，将惰性气体充入管内，并将一束激光聚焦于石墨靶上，石墨靶在激光照射下会生成气态碳。这些气态碳和金属催化剂粒子被气流从高温区带向低温区，在催化剂的作用下生长成碳纳米管。1996 年，Smalley 研究小组在 1200 ℃下用激光蒸发石墨棒得到了纯度高达 70%的、直径均匀的单壁碳纳米管束。这种方法制备出来的碳纳米管一般具有较完美的结构和较高的纯度，但是需要昂贵的激光束，所以耗费大。影响激光蒸发法合成碳纳米管的因素主要有激光束的强度、环境温度、惰性气体的种类及流速、脉冲的频率及间隔时间等。

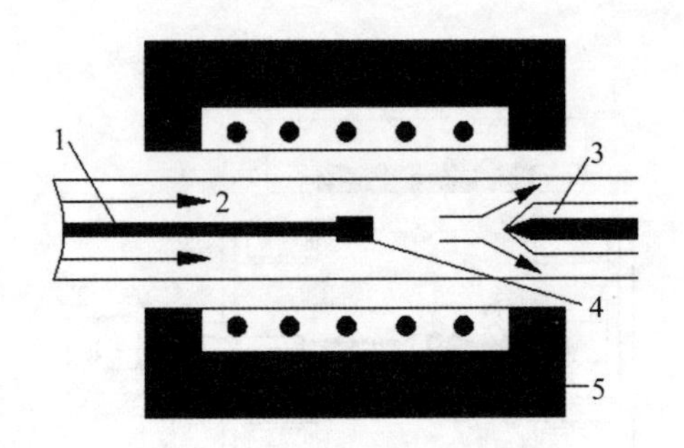

1—激光束　2—氩气　3—水冷铜收集器　4—石墨靶　5—加热炉

图 2.5　激光蒸发法制备碳纳米管的工艺简图

2.2.1.3　化学气相沉积法

化学气相沉积法又叫“催化裂解法”，是现今发展比较成熟的一种制备碳纳米管特别是多壁碳纳米管的技术。该技术的基本原理是以含碳气体为给料气体供给碳源，在金属催化剂的作用下直接在衬底表面裂解合成出多壁碳纳米管。图 2.6 为化学气相沉积法制备碳纳米管的工艺简图。在碳纳米管的合成过程中，碳源主要为碳原子数小于或等于 6 的碳氢化合物及 CO、CO_2 等，在较高温时裂解生成碳原子。碳原子附着在催化剂纳米颗粒上并在金属催化剂作用下形成碳纳米管。金属催化剂如铁、钴、镍的催化作用主要体现在它们能与碳形成介稳的碳化物，并且碳原子能很快地渗透。由于制备时温度较低(一般控制在 500～1000 ℃)，生成的多壁碳纳米管缺陷少，因此适合于多壁碳纳米管的大批量生产。化学气相沉积法的特点是设备简单、产率较高、条件易控，因此这种方法能够做到大批量的生产，有着很好的工业化前景。利用化学气相沉积法合成碳纳米管时，碳源的种类、流量，催化剂的种类及粒度大小，反应温度，气体压强以及基板材料等都会对碳纳米管的结构、纯度、产量产生很大的影响。

各种制备方法均有优缺点，上述方法制备出来的碳纳米管在不同程度上都含有无定形碳及反应中所用的催化剂颗粒等杂质，并存在缺陷、弯曲、粘连、取向杂乱等不利于碳纳米管与基体材料复合的问题，这些问题的存在影响了碳纳米管在复合材料中的性能，因此需要对碳纳米管作后续处理，对碳纳米管进行提纯工作。目前常用的提纯方法有氧化法、过滤法、气相沉积法、离心分离法等。

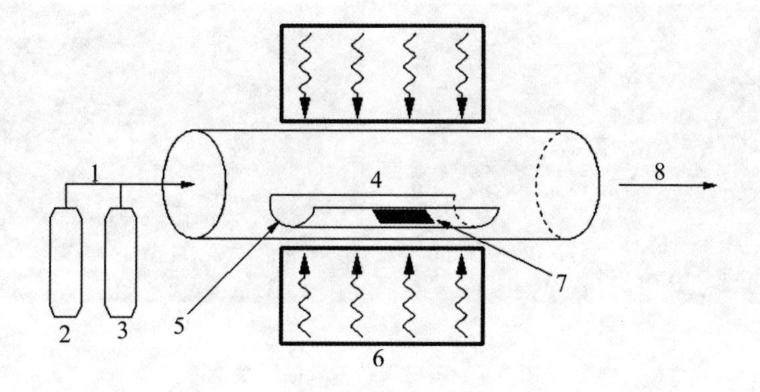

1—进气　2—C_2H_2　3—N_2　4—石英管　5—磁舟　6—高温炉　7—样品　8—出气

图 2.6　化学气相沉积法制备碳纳米管的工艺简图

2.2.2　碳纳米管的分散

碳纳米管表面缺陷少，缺乏活性基团，难溶于水及有机溶剂，所以对其化学性质的研究难以深入进行。同时，碳纳米管的管与管之间存在很强的范德华力，加之它很高的长径比和巨大的比表面积，使碳纳米管一般呈束状缠绕，很容易团聚在一起。另外，由于碳纳米管的表面惰性，其与基体材料的界面结合较弱，从而影响复合材料的性能。因此要充分发挥碳纳米管的优异性能，如何均匀分散碳纳米管成为首要解决的关键性问题。

碳纳米管的有效分散可以使其均匀分散到基体中，使碳纳米管充分发挥增强效果。相反，如果碳纳米管的分散效果不理想，那么碳纳米管往往会形成团聚或缠绕。图 2.7 为在 SEM 下观测到的多壁碳纳米管的团聚。此时如果加入到基体材料中，不仅起不到增强效果，相反会使基体的性能降低。对于碳纳米管复合材料而言，碳纳米管作为增强相，其分散性能越好，其作为增强相在复合材料中的作用就越明显，就越有利于表现复合材料的整体性能。关于碳纳米管在水中和有机溶剂中的分散已经有很多方法，目前主要采用物理方法（如机械搅拌法、超声波分散法等）和化学方法（如共价修饰法、非共价修饰法等）。其中非共价修饰法是所有方法中最好的方法，该方法在有效分散碳纳米管的同时不会对碳纳米管的性能产生负面影响。

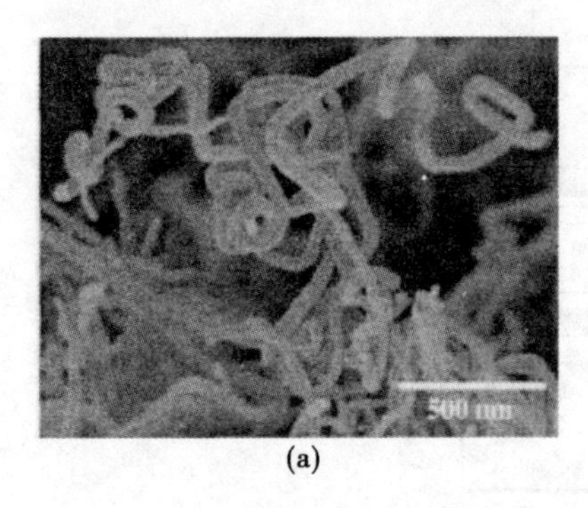

(a)

(b)

图 2.7　多壁碳纳米管的团聚

2.2.2.1　物理方法

机械搅拌法就是借助搅拌器施加机械搅拌时产生的剪切力，来实现物料的乳化、分散、破碎、溶解、均质等效果。

超声波分散法是使用较高的能量分散碳纳米管的一种手段。具体过程：在特定的液体介质中进行高频机械振荡形成高能超声波，产生数以万计的微细气泡，由于高频交替变化时正、负压的作用，气泡破裂对空穴周围形成冲击波，通过与传声媒质的相互作用，进而影响甚至改变碳纳米管的状态、性质及结构。对于易呈现缠绕和团聚状态的碳纳米管，采用超声波分散法，可借助超声波作用产生的空化、声流、湿润效应，来弱化碳纳米管之间的范德华力，有效改变碳纳米管的缠绕和团聚现象。

2.2.2.2　化学方法

碳纳米管的共价修饰法就是在碳纳米管的侧壁或端基进行共价化学修饰，连接一些适宜的基团，改善其在大多数溶剂中的溶解度，提高其在基体材料中的分散度，但在这个过程中会对碳纳米管的结构产生一定程度的破坏。目前，常用的共价修饰法主要有两种：强氧化剂修饰法和酰胺化、酯化修饰法。

强氧化剂修饰法：碳纳米管顶端的结构有五边环和六元环，化学反应活性比管壁高，强氧化剂会使端基产生缺陷，容易造成碳纳米管的表面或缩短的碳纳米管末端被氧优先攻击，将碳纳米管顶端打开。常用的强氧化剂主要有浓酸（如 HNO_3、H_2SO_4 等）、重铬酸钾 K_2CrO_4、四氧化锇 OsO_4、高锰酸钾 $KMnO_4$ 等。有些氧化剂在氧化时可以同时在顶端产生羧基、羟基等，为进一步化学衍生提供了条件。Tsang 等将多壁碳纳米管在强酸中超声对其化学切割，得到了开口的碳纳米管。在随后的研究中发现，开口的碳纳米管在顶端打开的同时产生了一定数量的活性基团，如羧基、羟基等。碳纳米管表面的这些活性基团不仅能改善碳纳米管的亲水性，还能使其更好地溶解在大多数溶剂或水中，从而提高其在基体中的分散度。

酰胺化、酯化修饰法：酰胺化、酯化修饰法主要发生在碳纳米管侧壁的缺陷位上。Chen等借助氯化亚砜将采用强酸氧化后的单壁碳纳米管表面的羧基转化成酰氯，进而与十八胺发生反应，得到单壁碳纳米管的十八胺衍生物。Francisco等利用碳纳米管的羧酸盐与烷基卤在水介质中的酯化反应，成功将长烷基链连接到碳纳米管侧壁上，实现碳纳米管在有机介质中的高度分散。

碳纳米管的非共价修饰法，即非共价相互作用，主要是利用表面活性剂或化合物吸附或缠结在碳纳米管的外壁以增加其溶解性。这种方法是迄今为止最好的方法，不仅可以有效地分散碳纳米管，同时不会对碳纳米管结构本身产生破坏，而且可以保持结构自身良好的功能性。Connell等人采用π—π非共价键作用成功地将聚乙烯吡咯烷酮(PVP)包裹到单壁碳纳米管管壁上，提高了单壁碳纳米管管壁的亲水性，同时在一定程度上改善了碳纳米管的聚集效应，得到了稳定的单壁碳纳米管水悬浮液，其中单壁碳纳米管的含量达到1.4 g/L。聚乙烯吡咯烷酮(PVP)能很好地包裹单壁碳纳米管，并且不会对单壁碳纳米管的结构和性质产生影响。他们还提出了聚乙烯吡咯烷酮(PVP)在单壁碳纳米管管壁缠绕的三种方式，如图2.8所示。

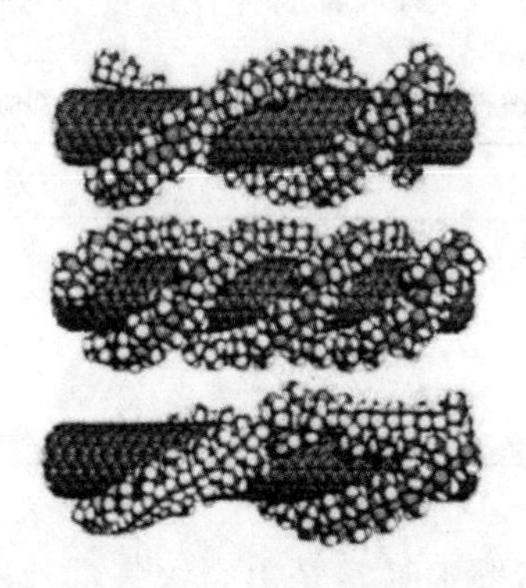

图2.8 PVP在单壁碳纳米管管壁缠绕的三种方式

2.3 碳纳米管增强复合材料

2.3.1 碳纳米管增强复合材料概述

决定增强型纤维强度的一个关键是长径比，理想的长径比至少是20∶1。碳纳米管的长径比达数百以上，而且具有很高的抗拉强度，超过钢的100倍。同时，碳纳米管的韧性和结构稳定性良好，具有优异的力学性能和较低的密度，这些性能使得碳纳米管非常适合作为复合材料的增强相。

复合材料是指由两种或两种以上不同物质以不同方式复合形成的新型材料，其综合性能优于原组成材料且能满足各种不同的要求，一般是由基体和增强相所组成。研究表明，增强型纤维的长径比是决定复合材料弹性模量高低的重要因素。碳纳米管的长径比较高，一般可达数百以上，因此作为增强相添加到复合材料中可以表现出很好的强度性能和韧度，但同时却不利于碳纳米管在基体材料中的均匀分布，因而需要限制碳纳米管在复合材料中的最大掺入量。另外，碳纳米管作为长纤维材料，容易在挤压装置中破碎。

简单来说，材料的弹性模量直接反映了原子键沿着一个方向伸展而引起的能量增加。碳纳米管弹性模量应该与高模量的碳纤维（约 500 GPa）类似，但因碳纳米管的中空结构而有所改变。实际的碳纤维也不会呈现完全有序排列，存在垂直于石墨基面的部分，沿此方向的弹性模量较低，约为 10 GPa。只要存在少量的无规则排列，均会使弹性模量降低。碳纳米管的弹性模量也与石墨单晶（约 1000 GPa）类似。对碳纳米管弯曲变形的计算表明，其弹性模量是金属铱的 10 倍。表 2.2 是几种材料与碳纳米管的弹性模量的对比数据。

表 2.2　几种材料与碳纳米管的弹性模量对比

材料	弹性模量（MPa）
钢	2×10^{5}
金刚石	1×10^{6}
碳纤维	8×10^{5}
碳纳米管	$n\times10^{6}$ $(n>1)$

在一个共价键结构中，断裂通常是由裂纹尖端处发生局部键的断裂所致。任何材料中的裂纹通常都是由加工过程中的缺陷或表面损伤所致。在裂纹尖端处的任何流动均会导致裂纹的钝化，从而导致强度的增加和对流动敏感度的降低。如果碳纳米管受到弯曲和扭曲，并因扭曲而发生失效，那么在压缩或疲劳状态下，它在复合材料中的韧度将会增大。随着碳纳米管大规模批量生产成为可能，加之碳纳米管的小尺寸和较大的长径比的特点，使碳纳米管可以在生产上被广泛应用。碳纳米管高强度和小尺寸的特点使得它可以通过挤压成型进行加工，而不会发生断裂。

碳纳米管在复合材料中的增强机理借鉴了纤维增强复合材料的相关内容。首先，碳纳米管一方面具有优越的力学性能，因此复合材料在受拉伸时，碳纳米管可承受较大的应力，不易断裂；另一方面，裂纹长大与扩展易受碳纳米管纤维阻碍而难以发生，因而主裂纹会沿纤维位置的不同发生裂纹转向，使裂纹扩展，阻力增加。另外，纤维对基体裂纹的桥联作用、纤维的最后断裂等过程均可消耗一定能量，从而使复合材料的强度和韧性进一步提高。复合材料的强度和韧性与纤维和基体的界面结合强度有着密切的关系。当复合材料受到外力作用后，通过界面把外力从基体传递到纤维，使纤维成为主要的负荷承受者。如果纤维与基体界面的结合强度太低，将难以实现力的传递，复合材料的强度和韧性也就得不到明显的改善。但是，如果纤维与基体界面的结合强度太高，当复合材料破坏时，纤维与基体的界面就不再发生解离，而是裂纹直接穿过纤维出现断裂。另外，界面的结合强度越高，材料断裂时的拔出功也就越小，因此，过强的界面结合不利于复合材料强度和韧性的提高。虽然有时增强体与材料的结合界面并非理想，但由于碳纳米管的力学性能高，以增强体的断裂与裂纹转向为主要增强机制的复合材料同样获得了良好的力学性能，因此碳纳米管的掺入往往提高了复合材料的强度。

2.3.2 碳纳米管增强复合材料存在的问题

碳纳米管性能优越，理论上在复合材料中掺入少量的碳纳米管就能起到很强的增强作用，但是真正实现起来仍存在诸多问题。究其原因主要有以下几个方面：

(1)碳纳米管在基体中的均匀分散问题是制约复合材料应用中亟待解决的问题。碳纳米管之间有很强的范德华力，同时碳纳米管的表面能较高，具有很大的长径比，因此容易团聚缠绕，使它在基体中难以实现均匀分散。徐世烺等人在研究定向多壁碳纳米管 M140 砂浆复合材料的力学性能时，事先对碳纳米管进行了预分散，得到了定向多壁碳纳米管羰基化分散体。李庚英等在研究表面改性对碳纳米管水泥基复合材料导电性能及机敏性的影响时，对部分碳纳米管采用由浓硝酸和浓硫酸组成的混合液进行了表面改性处理的试验方法，取得了很好的试验效果，使碳纳米管的分散比较均匀。但是试验投入的精力和费用相对较高，而在一般条件的实验室中往往很难实现预分散。

(2)碳纳米管和基体材料的界面结合强度与复合材料的强度和韧性有着密切的关系。如果碳纳米管和基体材料之间的结合强度太弱，当复合材料受到外力作用时，外力很难通过界面从基体传递给碳纳米管，那么复合材料的强度和韧性也就得不到明显的改善。但是，如果碳纳米管和基体材料界面的结合强度太高，当复合材料发生破坏时，碳纳米管和基体的界面很难分离，而是裂纹直接穿过碳纳米管出现断裂，这样也不利于复合材料强度和韧性的提高。因此碳纳米管与基体材料之间良好的界面相容性是提高碳纳米管复合材料性能很重要的一个制约因素。

(3)碳纳米管的尺寸比较小,目前制备的碳纳米管的长度大多在几微米到几百微米,对复合材料力学性能测试结果比较分散且误差较大,所以需要设计更加精密的试验进行测试,使其能够充分发挥作为复合材料增强相的作用。

(4)碳纳米管的价格一直较高,导致碳纳米管复合材料的制备成本过高,制约了碳纳米管在实际中的应用。因此要实现碳纳米管的大规模批量生产,要不断改进和完善碳纳米管的制备技术。

2.4 碳纳米管水泥基复合材料

2.4.1 水泥基功能复合材料概述

过去水泥基复合材料主要用于建筑结构承重,其实,它的组分多、设计自由度大的特点更适合于发展水泥基功能复合材料,甚至于具有自检测、自感知功能的智能复合材料。它涉及的范围非常宽,如磁性、电磁波屏蔽、导电、导热、阻尼、压电、吸声、摩擦、阻燃和防热等功能。

(1)水泥基磁性复合材料

采用特殊工艺将铁氧体、稀土类可磁化粒子掺入水泥基体制备出水泥基磁性复合材料,它的磁性性能受可磁化粒子的性质、掺量、水泥品质及制备工艺等多重因素的影响,不过主要取决于可磁化粒子在基体中定向排列的有序化程度,一般通过在制备过程中施加强磁场的方法来实现。由于铁氧体磁性材料具有价格低、易加工成型、成型后复合材料的保磁性强、强度高等优点,水泥基铁氧体类磁性复合材料的报道较多,应用前景也较好。

(2)水泥基电磁波屏蔽复合材料

随着电子信息时代的到来,各种电子、电器设备的数量爆炸式地增长,电磁泄漏问题越来越严重,而且电磁泄漏场的频率分布极宽,从超低频到毫米波,一些使馆、军事基地等保密机关以及银行和商业部门的重要数据就有可能通过无线电波渠道而泄露。同时,电磁波可能干扰正常的通信和导航,甚至危害人体健康,而普通混凝土建筑自身既不能反射也不能吸收电磁波,因此电磁污染也是影响城市化可持续发展的灾害之一。

通过掺入一些导电组分研制而成的电磁波屏蔽水泥基复合材料可通过吸收电磁波来实现屏蔽电磁波功能,导电组分一般为各种的碳、石墨、铝、铜或镍类等粉末、纤维或絮片。Chung 等人通过对掺入体积掺量为 0.5%、长度为 100 μm

以上、直径 0.1 μm 的碳纤维水泥基复合材料反射电磁波能力的研究发现，其对 1 GHz 的电磁波的反射率高于透射率 29 dB，而且还能用于智能交通系统导航。欧进萍、高雪松与韩宝国等人也对复掺钢纤维、铁氧体胶砂基复合材料的吸波性能进行了研究，发现 7 mm 的钢纤维砂浆在 14～18 GHz 的频段内，其雷达最大探测距离可降低到素砂浆的 80%～90%，同时其力学强度、延性均较好。

(3)水泥基导电、导热多功能复合材料

硬化水泥基体本身是不导电的，但掺入各种导电功能组分而成型的水泥基复合材料将拥有一定的电传导能力。目前常用的导电组分基本分三类：聚合物类、金属类和无机碳类。金属类的包括金属微粉、金属纤维、金属片网等，碳类的包括石墨、碳纤维、炭黑等。也有同时掺加金属类和碳类的导电组分，如钢纤维与碳纤维的复合使用。目前研究最多的是碳纤维水泥基导电复合材料，如 Chung 等人在 1989 年就发现将一定形状、尺寸和掺量的短切碳纤维通过一定的制备工艺掺加到水泥基体中复合而成的水泥基复合材料具有导电功能，且当其初始电阻率在一定范围内时，其体积电阻率的变化与所受的轴压力具有很好的对应关系，从而使材料具有自感知内部应力、应变和损伤变化程度的功能。碳纤维水泥基导电复合材料(CFRC)的压应力与电阻率的关系曲线基本可分为无损伤、有损伤和开始破坏三个阶段。李卓球等人的工作标志着国内 CFRC 研究的开端。欧进萍、关新春和韩宝国等人还发现：先对碳纤维表面进行强碱化学处理，之后再与水泥基复合，得到化学处理后碳纤维水泥基复合材料在弹性受力范围内具有良好线性度的压敏关系曲线；并通过引入标准参比电阻，用四电极伏安测试法成功实现了 CFRC 传感器的转化与工程应用。

实际上，性能优越的碳纤维不仅可使水泥基复合材料具有良好的导电性，还能够改善水泥基材料的热传导性，产生热电效应(亦称为 Seeback 效应，即当碳纤维掺量达到某一临界值时，其温差电动势变化率有极大值，且温差电动势与温差具有良好稳定的线性关系)，因此可利用这种材料实现对建筑物内部和周围环境温度变化的实时监控。另外，碳纤维、石墨等耐高温导电组分同高铝水泥复合可制备出耐高温的水泥基导电、导热复合材料，作为一种新型发热源。显然，水泥基导电、导热复合材料在工程领域有广泛应用，如公路路面和机场跑道等的化雪除冰、工业防静电结构、混凝土结构中钢筋阴极保护、住宅及养殖场的电热结构等。

(4)水泥基机敏与智能复合材料

自 20 世纪 60 年代起，面向土木工程领域的各种传感功能材料，如电阻应变片(丝)、压电陶瓷、疲劳寿命丝、形状记忆合金、光纤光栅等相继出现，为重大工程结构和生命线系统，如桥梁、大坝、核电站、海洋平台、输油供水供气等市政管网系统的长期服役安全性提供了一定的保障。其中,电阻应变片是目前结构表面局部应变测量中最常用的传感元件,性能受基底和胶层的影响,使用寿命短,抗电磁干扰能力差;电阻应变丝可直接埋置于结构中,与基底材料胶合,性能较稳定,而且可组成各种形状和面积的矩阵,防电磁干扰,耐久性较好;疲劳寿命丝(箔)的电阻值随交变应变幅值和循环次数单调增加,可以用于结构构件和节点的剩余疲劳寿命预报;压电陶瓷材料既具有传感功能,又具有驱动功能,可附着或埋置于结构中,但较脆,易受损,测量量程较小;半导体材料可用于制作与基体材料融合的模块或薄片式传感元件,是智能传感元件发展的一个主要方向;光纤光栅传感器对埋置材料性能影响小,对电磁干扰不敏感,熔点高,耐腐蚀,适用于高低温及有害环境,可沿单线多路复用,能实现点测量、线测量和网测量,近十年来,不仅在航空航天领域得到了飞速的发展,而且在土木工程结构的健康监测(Structural Health Monitoring,SHM)方面的发展也非常迅速,是目前最具前景的传感功能材料。但对实际混凝土工程而言,上述传感功能材料均需埋入结构体系中去,一般埋入工艺比较复杂,造价较高,寿命短,抗干扰能力及耐腐蚀性差,植入成活率较低;同时,由于异质于混凝土材料,与混凝土结构之间的相容性不好,进而影响混凝土结构的力学性能。这些缺陷都限制着上述传感材料在实际工程中大规模的应用。

将自感知、自调节、自修复或自增强刚度与阻尼等功能组分引入到水泥净浆、胶砂或混凝土中制备而成的水泥基机敏功能材料,具有能感知结构外界作用而且作出适当反应的能力,可使得水泥基体复合材料具有相应的多功能性、机敏特性甚至智能特性。与其他用于混凝土结构的传感功能材料相比,水泥基机敏复合材料具有与混凝土材料天然的相容性,它能感知结构外界作用而且作出适当反应,是一种应用于混凝土结构的本征机敏材料。

混凝土的自调整功能可通过在混凝土中埋入形状记忆合金,利用记忆合金对温度的敏感性和不同温度下恢复母相形状的功能,使受异常荷载干扰的混凝土结构内部应力重分布;或在混凝土中复合电黏性流体,利用电黏体的电流变特性,使受地震或台风袭击时的结构内部流变特性改变,进而实现结构的自振频率和阻尼特性的调整。

混凝土的自修复功能主要是通过混凝土内置的树脂胶囊或管状的含树脂材料能在荷载裂缝处破裂,渗漏到裂缝处,进而完成强度的自我修补。日本三桥博三教授用水玻璃和环氧树脂等材料作为修复剂,将其注入空心玻璃纤维中并掺入混凝土中,得到不同龄期下、不同修复剂在开裂修复后混凝土材料的强度恢复率。

混凝土的阻尼自增强功能主要是通过在混凝土材料中掺加一些诸如乳胶、

硅灰、石墨、片状或管状纤维等自增强阻尼材料，达到材料自身的阻尼系数的提高，进而可在不附加阻尼装置的前提下保证相应的减振效果。Chung 等人研究发现，在水泥基体中单独或混合掺加 20%～30%的乳胶微粒，15%的硅灰或 0.4%～0.8%的甲基纤维素可很好地改善水泥基材料的阻尼性能及刚度模量。欧进萍、刘铁军等人将一定量的乳胶微粒、硅灰等掺入水泥净浆中后相应构件的阻尼系数提高了 100%～200%。

水泥基智能复合材料是指通过可设计的材料适应结构外在环境、由人工智能的计算方法对数据进行分析和执行以及通过适应性控制法则作出正确行动的能力，使得非生命的建筑结构具有自检测功能，甚至于自调节、自愈合、自控制、自增强阻尼等功能的复合材料。它通常不是一种单一材料，而是一个具有感知功能的功能材料、驱动材料与控制材料的有机结合体。

2.4.2 水泥基纳米功能复合材料

纳米材料在水泥基中的应用研究始于 20 世纪 90 年代。在混凝土中掺入纳米颗粒后可以使水泥材料更加密实，早期强度提高，韧性增强，并可显著提高材料的耐久性。因为混凝土的强度、渗透性与耐久性除了受其本身的化学组成的影响外，主要是由孔隙率、孔隙特征和微裂缝等因素决定。一般而言，依据孔径大小可将水泥基材料的孔结构分为四类：孔径小于 20 nm 的为无害孔，孔径为 20～50 nm 的为少害孔，孔径为 50～200 nm 的为有害孔，200 nm 以上的为多害孔。由于纳米颗粒粒径小于 100 nm，可以对水泥硬化浆体中 20～150 nm 的微孔起到填充效应，有效改善孔隙率和孔隙结构，从而可提高混凝土的强度与耐久性能。叶青等人就纳米 SiO_2 和硅粉对水泥基材料的改性进行了研究。结果表明，纳米 SiO_2 能改善混凝土的微观结构，从而可以使其力学性能得到改善。

锐钛型纳米 TiO_2 是一种优良的光催化剂，它具有净化空气、杀菌、除臭、表面自洁等特殊功能。利用 TiO_2 具有净化空气的特殊性能可以制备光催化功能混凝土，使之对机动车辆排出的 SO_2 和氮氧化物等对人体有害的污染气体进行分解处理，达到净化空气的目的。例如，日本长崎和美国洛杉矶在交通繁忙的道路两边，铺设含有 TiO_2 光催化净化功能的混凝土地砖来净化氮氧化物，保障人体的健康。

近些年来，纳米炭黑(CB)在制备水泥基纳米自感知复合材料中得到广泛的关注与研究。李惠等对纳米炭黑水泥基复合材料(CCN)的压阻传感特性及机理、环境作用与应变感知特性耦合特性、多轴应变状态下力电理论模型、混凝土结构基体本构关系对监测性能影响特性、基于 CCN 传感器的自监测智能结构系统及其工程应用等方面进行了深入系统研究。他们得出诸多有益的结论：

CCN 的渗滤阈值为 7.22%，在渗滤阈值附近掺量的 CCN 导电机理以隧道效应电导为主，具有良好的压阻特性，灵敏度系数达 55。循环荷载下，荷载幅值较小使 CCN 处在弹性范围内时，初始电阻和灵敏度系数不受荷载循环次数影响。他们提出了干燥后环氧密封绝水 CCN 传感器封装制作方法，可满足其作为传感器实际应用稳定测试的需要；并提出了基于 CCN 传感器的自监测智能结构系统，这为土木工程结构长期健康监测功能实现提供了新的传感材料、技术基础和研究方向。

2.4.3 碳纳米管水泥基复合材料研究概述

随着现代社会的高速发展，水泥基材料的低韧性、高脆性已不能满足诸如地震、雪灾、风灾等复杂特殊场合结构对建筑材料高性能的要求。近几十年来，碳纤维因其高性能而成为较理想的增强新型材料。在水泥基体中加入少量的碳纤维不仅可改善复合材料的力学性能，还可赋予复合材料某些功能性。然而，碳纤维的侧向抗剪强度很低，在机械剪切搅拌过程中易折断，尤其是长径比较高时。具有优异的力学、电学、热学、场发射、光、介电、电磁性能的终极纤维材料 CNT 与水泥的良好复合可以实现组元材料的优势互补或加强，不仅能大幅度改善水泥基的诸如强度、弹性、韧性等力学性能，而且两种材料性能之间的交叉耦合能使复合材料具有诸多新型功能性。

Markar 等人采用乙醇超声分散法，先使 CNT 与水泥粉末在有机溶剂乙醇中混合，将有机溶剂挥发掉后研磨成混合料，最后加适量的水，机械搅拌，浇筑成型 MWNT 水泥基复合材料，并分析了未水化水泥与 MWNT 及 MWNT 在水化后水泥微粒中的分散显微形貌。Campillo 等人通过 SAA 阿拉伯胶(AG)及机械搅拌将 MWNT 复合到水泥基体中，接着利用原子力显微镜(AFM)研究不同养护龄期的复合材料显微 Vicker 硬度，并对 MWNT 在水泥基体中的桥联、力学增强机理作了微观观察与分析，结果显示 MWNT 与水泥基体具有良好的黏结性能，基体的韧性有较大的改善。Li 等人先对 MWNT 采用硝酸与硫酸的混合酸氧化修饰处理，使其 MWNT 表面带有羧基、羟基等亲水基团，然后与水泥混合成型，研究了复合材料的载荷-变形曲线，并观察了相应的孔隙分布与显微结构，结果表明，MWNT 的加入不仅可以增加基体的抗压强度、变形能力，还可以改善水泥材料的孔隙结构，并在水化产物间拥有良好的纤维桥联及拔出效应。他们进一步研究了 MWNT 水泥基复合材料的电阻性能及压敏效应，结果表明，掺量为 0.5%的 MWNT 就可以使得相应的水泥基材料电阻率降低至几百欧姆，良好的压敏效应来自于 MWNT 在基体中形成的网络随着压力增加电场密度亦增加以及 MWNT 优良的场发射效应。Wansom 等人尝试利用水泥超塑化剂自身的表面活性将 CNT 引入水泥基体中，结合阻抗谱仪及超高频时域频谱仪分析了不同养护龄期复合材料的交流阻抗谱响应特性，与直流电阻性能进行了对比。Cwirzen 等人用长链的聚丙烯酸(PAA)或/与 AG 表面修饰 MWNT 来获得其在水化产物中良好的稳定分散，并对材料力学性能进行了研究，结果表明，仅 0.15%(质量分数)的 MWNT 就可使得复合材料的抗压强度有近 50%的提高。

碳纳米管复合材料在国内外已有一定的研究，然而与其他基体材料不同，水泥基作为基体材料的碳纳米管水泥基复合材料的研究报道较少。近几年有相关学者对碳纳米管水泥基材料的力学性能、电学性能等有了初步的探索性研究。加拿大学者 Jon Makar 等人是碳纳米管增强水泥基复合材料的第一批研究者，通过在异丙醇中用超声波降解法对 CNT 进行分散处理，然后经过蒸发、研磨制备出了碳纳米管包裹的水泥颗粒，维氏硬度测试表明碳纳米管加速了水泥的早期水化进程，SEM 测试结果显示 CNT 与水泥浆体间存在很强的黏结力。

Yakovlev 等研究了碳纳米管对免蒸压泡沫水泥混凝土的影响，结果显示，掺加 0.05%(质量分数)的 CNTs，使得混凝土的热导率降低了 12%～20%，而抗压强度提高了 70%。

Reinhard 等将很少的多壁碳纳米管掺入超高性能混凝土中，发现多壁碳纳米管能提高超高性能混凝土的力学性能。

YS de Ibarra 等通过加入阿拉伯树胶对碳纳米管在蒸馏水中进行分散处理，得到碳纳米管增强水泥材料，结果表明，含 CNTs 而不含阿拉伯树胶的试样的力学性能不如普通水泥净浆；含低浓度 CNTs(SWNTs、MWNTs)的试样有较好的力学性能；掺 MWNTs 的复合材料力学性能优于掺 SWNTs 的材料。

MS Konsta-Gdoutos 等采用表面活性剂和超声波能量使碳纳米管在水中得到有效分散，研究了碳纳米管增强材料的流变性能，试验结果表明：掺加经超声处理 CNTs 的试样与未经过处理 CNTs 试样及普通净浆均表现出典型的剪切稀化反应，在较低剪切应力(14 Pa)下，未经处理的试样黏度高于经超声处理的和普通净浆，超过 70 Pa 应力下，各试样的黏度差不多并保持恒定，并得出表面活性剂与 CNTs 的重量比保持在 4.0～6.25 范围时，碳纳米管能得到较好的分散。

Wansom 等采用交流阻抗谱和时域反射测试技术研究了多壁碳纳米管增强水泥基复合材料的阻抗性能，研究结果显示，掺加 CNTs 后，复合材料的直流阻抗与普通水泥基体相比，呈减小趋势。

国内的哈尔滨工业大学、同济大学、大连理工大学等高校近些年相继开始了对碳纳米管增强水泥基材料的探索性研究，取得了一定的基础性突破。

罗建林、段忠东以多壁碳纳米管为增强组分，采用表面活性剂超声分散法，混合成型制备了碳纳米管水泥基复合材料，研究了体积电阻率随多壁碳纳米管质量分数的变化规律，结果显示：体积电阻率随着多壁碳纳米管质量分数的增大而降低，加入少量多壁碳纳米管后，试件具有良好的压敏效应和机敏性能。在单调荷载作用下，试件的电阻率会随着压应力的增加而减小，表现出良好的压阻性能；在循环荷载作用下，复合材料的电阻也表现出循环性，压应力增大电阻减小，卸载过程中，电阻率再次增大，表现出电阻率的可逆性，具有良好的机敏性能。将其作为传感器嵌入结构后，得到了同样的结果，即复合材料能够作为一种传感器，用它的电阻率变化来反映结构内部的受力状况，用来对我们的结构进行实时在位的监测。

李庚英、王培铭研究了表面改性对碳纳米管水泥基复合材料的导电性和机敏性的影响，采用浓 HNO_3 和浓 H_2SO_4 的混合液对 CNTs 进行表面改性后分散到净浆中，采用四电极法测试了复合材料的导电性和机敏性能，与未改性及普通水泥净浆作对比，结果发现经改性后，CNTs 在水泥基体中分布非常均匀，CNTs 间互相搭接，形成完好的导电网格，表面有水泥浆包裹，体积电阻较未改性的试件高，机敏性表现更加稳定。

徐世烺、高良丽对定向多壁碳纳米管的羰基化分散体和水分散体增强 M140 砂浆进行了对比研究，结果显示，添加 0.01%（质量分数）的定向多壁碳纳米管之后，定向多壁碳纳米管羰基化分散体-M140 砂浆复合材料的抗折强度、抗压强度分别比相同条件下制得的 M140 砂浆的增加了 5.4%、8.4%；而定向多壁碳纳米管水分散体-M140 砂浆复合材料的抗折强度、抗压强度分别比相同条件下制得的 M140 砂浆的增加了 20.7%、15.9%。对定向多壁碳纳米管水分散体-M140 砂浆复合材料断面显微分析得出碳纳米管与砂浆基体间界面结合适中；增强机理主要是碳纳米管对 M140 砂浆空隙的显微填料效应和碳纳米管的拔出、脱黏。文献研究了掺碳纳米管水泥砂浆的力学性能和微观结构，并与掺碳纤维的水泥砂浆性能进行了对比，研究结果表明，低含量的碳纳米管水泥基复合材料具有良好的抗压强度和抗折强度。SEM 分析显示，碳纳米管表面被水泥水化产物包裹，同时碳纳米管水泥砂浆的结构密实，而碳纤维表面光滑，在碳纤维与水泥石之间存在明显裂缝；采用压汞仪对复合材料的孔隙率和孔径分布进行测试，结果显示 CNTs 的加入能改善孔径分布，减小孔隙率。

2.5 本章小结

本章从相关理论出发，借鉴文献资料，系统介绍了碳纳米管的相关性能、碳纳米管增强复合材料的作用机理，以及碳纳米管作为复合材料增强相存在的问题。主要得到了以下结论：

(1)碳纳米管作为一维纳米材料,重量轻,六边形结构连接完美,有着很好的力学、化学和电学性能。特别是在力学性能方面,无论是强度还是韧性,都远远优于其他材料。因此非常适合用作其他材料的增强材料,与其他基体结合形成性能优异的复合材料。

(2)碳纳米管在复合材料中的分散问题是制约其发展的关键问题。碳纳米管的非共价修饰法是迄今为止最好的分散方法,不仅可以有效地分散碳纳米管,同时不会对碳纳米管结构本身产生破坏,保持结构自身良好的功能性。

(3)碳纳米管在复合材料中的增强机理主要有以下几个方面:碳纳米管自身优越的力学性能,使得复合材料受拉伸时,碳纳米管可承受较大的应力,不易断裂;裂纹长大与扩展易受碳纳米管纤维阻碍而难以发生,同时碳纳米管对基体裂纹的桥联作用、纤维的最后断裂等过程消耗一定能量,从而使复合材料的强度和韧性进一步提高;复合材料受到外力作用后,通过界面把外力从基体传递给碳纳米管,因此复合材料的强度和韧性与碳纳米管和基体的界面结合强度有着密切的关系。

(4)碳纳米管增强复合材料存在的主要问题有:碳纳米管在基体中很难均匀分散;碳纳米管和基体材料的界面结合太弱或太强,都不利于复合材料强度和韧性的提高;碳纳米管的尺寸较小,不利于复合材料力学性能的测试;碳纳米管的价格过高,制约了碳纳米管在实际中的应用。

第3章 碳纳米管水泥净浆的力学性能研究

3.1 原材料及试件准备

在本试验中所用的水泥为山东青岛山水水泥集团有限公司生产的山水东岳牌普通硅酸盐水泥(P·O42.5),其化学成分以及矿物组成如表3.1所示。

表3.1 水泥的化学成分以及矿物组成

产地	化学组成(%)				
	SiO_2	CaO	MgO	Fe_2O_3	Al_2O_3
青岛山水	20.98	6.07	3.70	64.05	2.71
产地	矿物组成(%)				
	C_3S	C_2S	C_3A	C_4AF	SO_3
青岛山水	48.13	24.04	9.87	11.04	2.25

本试验所用的减水剂为高效减水剂FDN,即纯萘系减水剂。其中,减水剂的掺量为试验中所用水泥质量的0.9%。

本试验用水均为自来水,符合饮用水标准。

本试验所用的碳纳米管为山东大展纳米材料有限公司生产的多壁碳纳米管,相应的主要物理性能指标如表3.2所示。图3.1为山东大展纳米材料有限公司生产的多壁碳纳米管、双壁碳纳米管和单壁碳纳米管的电镜(SEM)显微结构图。图3.2为山东大展纳米材料有限公司生产的多壁碳纳米管在压力作用下的电阻率变化情况。

表 3.2　　多壁碳纳米管的主要物理性能指标

平均管径(nm)	平均长度(μm)	纯度(%)	比表面积(m^2/g)	堆积密度(g/cm^3)
10	12	＞95	＞230	0.05

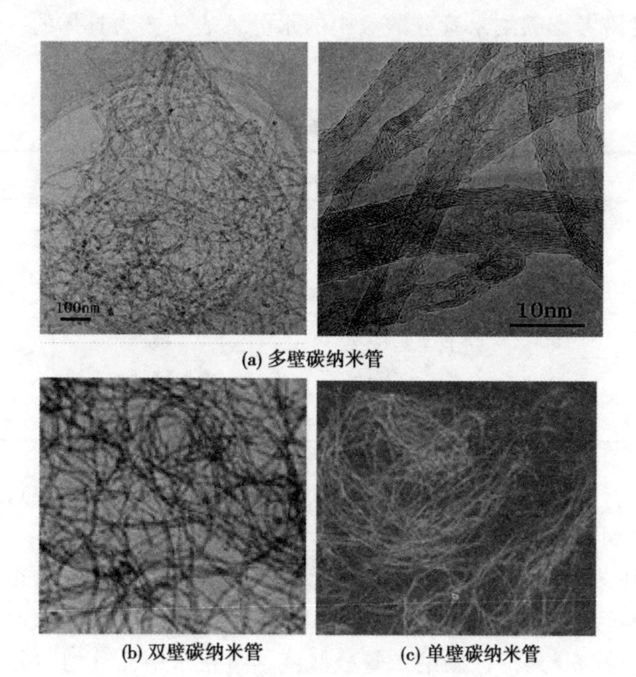

(a) 多壁碳纳米管

(b) 双壁碳纳米管　　(c) 单壁碳纳米管

图 3.1　碳纳米管的电镜(SEM)显微结构图

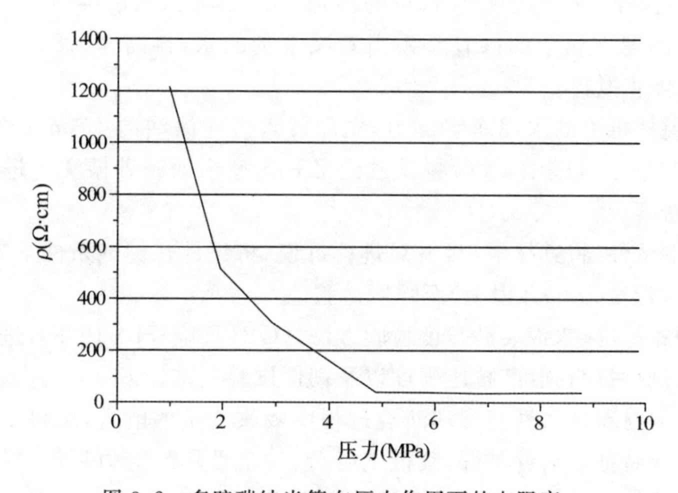

图 3.2　多壁碳纳米管在压力作用下的电阻率 ρ

本试验分别采用六组不同多壁碳纳米管掺入量的碳纳米管水泥净浆复合材料试件，相应的碳纳米管掺入量分别是0%、0.02%、0.05%、0.10%、0.20%、0.30%（相对于水泥的质量掺入量），萘系高效减水剂的掺量为水泥质量的0.9%。所有试件的水灰比均为0.35。碳纳米管分散液的浓度为5%，每组在计算总用水量时需考虑碳纳米管分散液中的水分。表3.3为具体的一组三块碳纳米管水泥净浆试件的试验配合比。

表3.3　碳纳米管水泥净浆的配合比

编号	水泥(g)	MWNT(g)	减水剂(g)	水(g)
A0	1500	0	13.5	511.50
A1	1500	6	13.5	505.80
A2	1500	15	13.5	497.25
A3	1500	30	13.5	483.00
A4	1500	60	13.5	454.50
A5	1500	90	13.5	426.00

按照国家标准《水泥胶砂强度检验方法》(GB/T 17671—1999)，碳纳米管水泥净浆试件的制备过程如下：

(1)将碳纳米管分散液缓慢倒入总用水量约3/5的水中，在这个过程中边倒入边搅拌。然后把碳纳米管悬浮液倒入JJ-5行星式水泥胶砂搅拌机高速(285 r/min)搅拌60 s，保证碳纳米管分散液尽量在水中充分均匀分散。

(2)向JJ-5行星式水泥胶砂搅拌机中加入水泥，先开动机器低速(140 r/min)搅拌1 min，使搅拌机里的料充分混合均匀；然后再缓慢地向水泥胶砂搅拌机里面倒入剩余的掺有萘系高效减水剂的水，再高速(285 r/min)搅拌3 min，最后停止搅拌。

(3)将搅拌机里的水泥净浆倒出，立即装入事先涂油的40 mm×40 mm×160 mm的三联空试模中，然后将其放到ZS-15型水泥胶砂振实台进行振实排泡，使试件密实。

(4)取下试件，将其抹平，24 h后进行拆模，将试件在标准条件下养护(温度为20±2 ℃，湿度为90%以上)至强度试验。

按照国家标准《水泥胶砂强度检验方法》(GB/T 17671—1999)，进行碳纳米管水泥净浆试件抗折强度、抗压强度以及韧性试验测试。

韧性表示材料在塑性变形和断裂过程中吸收能量的能力，反映了材料变形和断裂的综合特征。韧性越好，其抵抗疲劳、冲击破坏的能力越强，材料发生脆性破坏的可能性就越小。本试验采用四点弯曲加载法，测得不同碳纳米管掺量水泥基梁的荷载-挠度曲线（P-δ 曲线）。采用 P-δ 曲线所围面积值作为碳纳米管水泥基复合材料的韧性指标，取不同掺量的碳纳米管水泥基梁的韧性指标与素水泥基梁的韧性指标比值作为韧性指数。荷载测试采用 10 t 的荷载传感器，位移测试采用位移百分表。

试件韧性试验的具体步骤如下：

(1)将试件成型时的侧面作为受荷面，安放在支座上，连接好荷载传感器和位移百分表。

(2)通过位移控制方式加载。相应的加载速率取为 0.05 mm/min，直到试件梁破坏。若一直没有明显的破坏，取试件梁所承受的荷载下降至峰值荷载的 20%值作为试验结束的判断标准。记录下不同荷载下的位移变化，拟合绘制出荷载-位移曲线。

3.2 碳纳米管水泥净浆的强度

水泥基复合材料本身作为结构材料，必须具备良好的力学强度。下面主要对比研究了不同的碳纳米管掺量对碳纳米管水泥净浆复合材料抗折、抗压强度的影响。

将碳纳米管水泥净浆试件分别养护至 7 d、28 d、90 d 龄期后，在 DKZ-6000 水泥电动抗折机上进行三点弯曲试验，测得碳纳米管水泥净浆试件的抗折强度。

在本试验结果分析中，将水泥净浆的养护龄期由试件成型增长到 7 d 的阶段称为早期，由 7 d 增长到 28 d 的阶段称为中期，由 28 d 增长到 90 d 的阶段称为后期，相应地将各个阶段内的强度分别称为早期强度、中期强度和后期强度。

通过三点弯曲试验时棱柱体试件的破坏形态观察可以发现，试件破坏时会在中间位置处出现裂纹，碳纳米管的掺入会对水泥净浆试件的脆性起到改善作用。

表 3.4 为不同掺量碳纳米管水泥净浆复合材料 7 d、28 d 和 90 d 的抗折强度测试结果。图 3.3 为不同掺量的碳纳米管对水泥净浆复合材料 7 d、28 d 和 90 d 抗折强度的影响。

表 3.4　　复合材料 7 d、28 d、90 d 抗折强度

编号	掺入量（%）	7 d 抗折强度 f_t（MPa）	7 d f_t 改变幅度（%）	28 d 抗折强度 f_t（MPa）	28 d f_t 改变幅度（%）	90 d 抗折强度 f_t（MPa）	90 d f_t 改变幅度（%）
A0	0	3.84	—	5.17	—	5.72	—
A1	0.02	4.25	10.68	5.61	8.51	6.03	5.42
A2	0.05	4.66	21.35	5.96	15.28	6.50	13.64
A3	0.10	4.79	24.74	6.27	21.28	7.00	22.38
A4	0.20	3.91	1.82	5.30	2.51	5.95	4.02
A5	0.30	3.77	−1.82	5.51	6.58	5.90	3.15

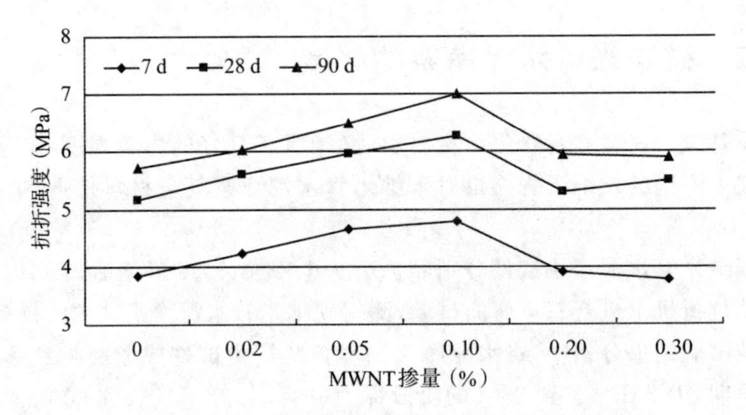

图 3.3　碳纳米管的掺量对水泥净浆抗折强度的影响

通过表 3.4 及图 3.3 综合分析得出，不同掺量的碳纳米管对水泥净浆不同龄期的抗折强度的影响有所不同。

不同掺量的碳纳米管对水泥净浆 7 d 抗折强度的影响：掺入量分别为 0.02%、0.05%、0.10%的 A1、A2、A3 组的碳纳米管水泥净浆复合材料试件的抗折强度较基准试件 A0 组有了较大的提高。尤其是当碳纳米管的掺入量为 0.10%时，其抗折强度相对较好，提高幅度达到 24.74%。碳纳米管的掺入量为 0.20%的 A4 组试件，其抗折强度较基准试件提高很少，仅提高了 1.82%。碳纳米管的掺入量为 0.30%的 A5 组试件，碳纳米管水泥净浆复合材料试件的抗折强度不但没有提高，反而有所降低，甚至低于基准试件的抗折强度。

不同掺量的碳纳米管对水泥净浆 28 d 抗折强度的影响：相对于基准试件而言，掺入量分别为 0.02%、0.05%、0.10%的 A1、A2、A3 组的碳纳米管水泥净浆复合材料试件的抗折强度较基准试件 A0 有较大的提高，但提高幅度较 7 d 龄期

下的试件有所下降。其中,碳纳米管的掺入量为0.10%的A3组试件,其抗折强度相对较好,提高幅度为21.28%。对于掺入量为0.20%、0.30%的A4、A5组试件,其抗折强度提高很少,提高幅度分别为2.51%、6.58%。

不同掺量的碳纳米管对水泥净浆90 d抗折强度的影响:掺入量分别为0.02%、0.05%、0.10%的A1、A2、A3组的碳纳米管水泥净浆复合材料试件的抗折强度较基准试件A0组有较大的提高,但总体的提高幅度较7 d和28 d试件有所下降。其中,当碳纳米管的掺入量为0.10%时,其抗折强度相对较高,提高幅度为22.38%。对于碳纳米管的掺入量为0.20%、0.30%的A4、A5组试件,其抗折强度提高很少,提高幅度分别为4.02%、3.15%。

综上可知,在相同水灰比(W/C=0.35)的条件下,少量碳纳米管的掺入,对水泥基体的抗折强度会有不同程度的增强效果,但较高掺量的碳纳米管若在基体中不能均匀分散,反而会降低其抗折强度。

由表3.4及图3.4可以看出,随着龄期的增长,碳纳米管水泥净浆的抗折强度总体呈增长趋势,但增长幅度不断降低。对于基准水泥净浆而言,中期抗折强度由3.84 MPa提高到5.17 MPa,提高幅度为34.6%;后期抗折强度由5.17 MPa提高到5.72 MPa,提高幅度为10.6%。而当碳纳米管的掺入量为0.10%时,中期抗折强度由4.79 MPa提高到6.27 MPa,提高幅度为30.9%;后期抗折强度由6.27 MPa提高到7.00 MPa,提高幅度为11.6%。同时可以看出,随着龄期的增长,不同碳纳米管掺量的水泥净浆试件的抗折强度变化与基准水泥净浆试件基本一致。

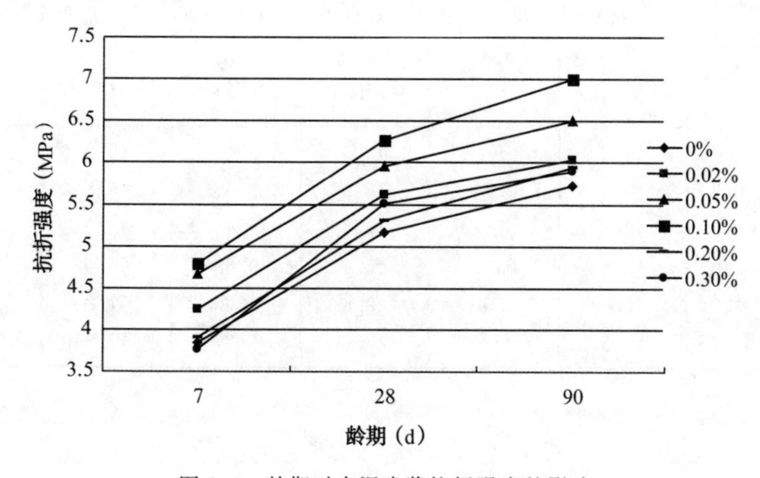

图3.4 龄期对水泥净浆抗折强度的影响

将先前做抗折强度试验折断成两半的试件分别移至NYL-2000D压力试验机上做立方体轴心抗压试验，测试碳纳米管水泥净浆复合材料试件的抗压强度。

图3.5为轴心抗压试验时试件的破坏形态。与水泥净浆基准试件相比，少量碳纳米管的掺入使得水泥净浆试件的脆性有所改善。

(a)

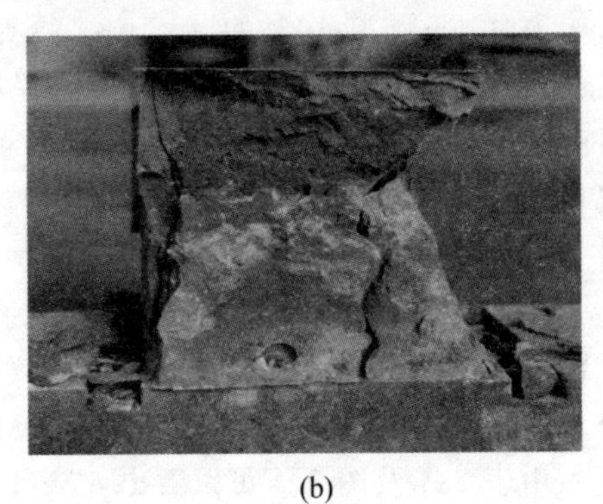

(b)

图3.5　抗压破坏形态

表3.5为不同掺量碳纳米管水泥净浆复合材料7 d、28 d和90 d的抗压强度测试结果。图3.6为不同掺量碳纳米管对水泥净浆复合材料7 d、28 d和90 d抗压强度的影响。

表3.5　复合材料7 d、28 d、90 d抗压强度

编号	掺入量(%)	7 d抗压强度 f_c (MPa)	7 d f_c改变幅度(%)	28 d抗压强度 f_c (MPa)	28 d f_c改变幅度(%)	90 d抗压强度 f_c (MPa)	90 d f_c改变幅度(%)
A0	0	40.2	—	42.3	—	43.8	—
A1	0.02	40.4	0.50	43.0	1.65	45.8	4.57
A2	0.05	42.5	5.72	46.3	9.46	48.9	11.64
A3	0.10	42.9	6.29	46.4	9.69	50.6	15.53
A4	0.20	40.4	0.50	49.6	17.26	51.9	18.49
A5	0.30	40.3	0.25	45.8	8.27	47.8	9.13

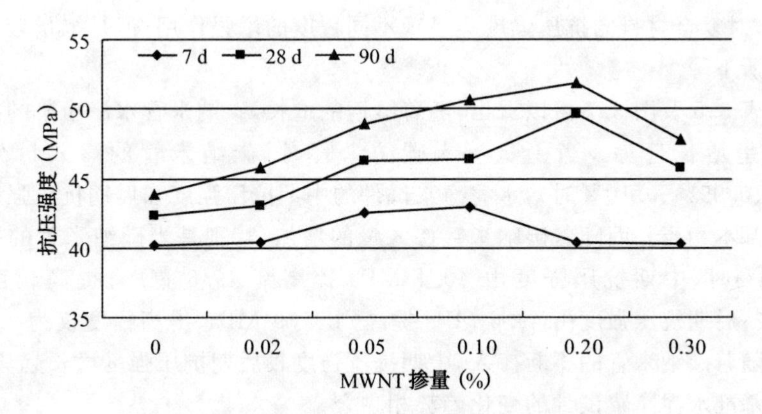

图3.6　碳纳米管的掺量对水泥净浆抗压强度的影响

通过表3.5及图3.6综合分析，不同掺量的碳纳米管对不同龄期的水泥净浆的抗压强度的影响也有所不同。

不同掺量的碳纳米管对水泥净浆7 d抗压强度的影响：掺入量分别为0.02%、0.05%、0.10%的A1、A2、A3组碳纳米管水泥净浆复合材料试件的抗压强度较基准试件A0组有较大的提高。当碳纳米管的掺入量为0.10%时，其抗压强度相对较高，提高幅度为6.29%。对于掺入量为0.20%、0.30%的A4、A5组试件，复合材料的抗压强度提高很少，基本不发生明显变化，提高幅度分别仅为0.50%、0.25%。

不同碳纳米管的掺入量对水泥净浆28 d抗压强度的影响：掺入碳纳米管的水泥净浆试件的抗压强度较基准试件A0组有较大的提高，且随着碳纳米管掺入量在一定范围的增加，抗压强度不断增强。当碳纳米管的掺入量为0.20%时，其抗压强度相对较高，提高幅度达到17.26%。对于碳纳米管的掺入量为0.30%的A5组试件，较之前掺入量为0.20%的A4组试件，复合材料试件的抗压强度的提高幅度出现明显的下降趋势，但与基准试件A0组相比，水泥净浆的抗压强度仍是有较大的提高，提高幅度为8.27%。

不同碳纳米管的掺入量对水泥净浆90 d抗压强度的影响：掺入碳纳米管的水泥净浆试件的抗压强度较基准试件A0组有较大的提高，且随着碳纳米管掺入量在一定范围的增加，抗压强度随之不断增强。当碳纳米管的掺入量为0.20%时，其抗压强度相对较高，提高幅度达到18.49%。对于碳纳米管的掺入量为0.30%的A5组试件，较之前掺入量为0.20%的A4组试件，复合材料试件的抗压强度的提高幅度出现明显的下降趋势，但与基准试件A0组相比，水泥净浆的抗压强度仍是有较大的提高，提高幅度为9.13%。

综合上述可以得出，在相同水灰比（W/C＝0.35）的条件下，少量碳纳米管的掺入，对复合材料的抗压强度会呈现不同程度的增强作用，但是掺量较高时反而会有所下降。

由表 3.5 及图 3.7 可以看出，随着龄期的增长，碳纳米管水泥净浆的抗压强度总体呈增长趋势。当少量掺入碳纳米管时(碳纳米管的掺入量分别为 0.02%、0.05%、0.10%时)，水泥净浆试件的中期抗压强度和后期抗压强度的增长幅度基本相当。而随着碳纳米管掺入量的增加，特别是当碳纳米管的掺入量为 0.20%时，中期抗压强度由 40.4 MPa 提高到 49.6 MPa，提高幅度达到 22.77%；后期抗压强度由 49.6 MPa 提高到 51.9 MPa，提高幅度仅为 4.64%。这说明随着碳纳米管的不断掺入，中期抗压强度较后期抗压强度增长趋势明显，并且与基准水泥净浆试件的变化趋势相吻合。

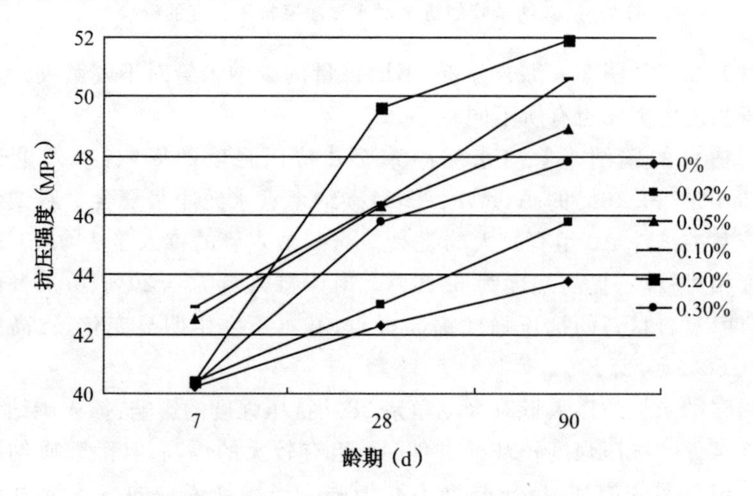

图 3.7　龄期对水泥净浆抗压强度的影响

通过上述试验数据分析得出：

(1)对于未掺入碳纳米管的水泥净浆基准试件，基体全部由水泥净浆组成，水泥的水化产物水化硅酸钙溶胶体系之间孔洞较多，这些孔洞的存在对水泥净浆试件的抗折强度和抗压强度有较大的影响，使得基准试件的强度往往较低。

(2)当少量高性能碳纳米管以适当的方式复合到水泥基体中时，由图3.8(a)可以看出，少量的碳纳米管在水泥净浆中的分散状况良好，与基体界面之间也有很好的相容性，当复合材料试件受到外力作用后，通过连接界面把外力从基体传递给碳纳米管，使碳纳米管成为主要的负荷承受者。同时，碳纳米管可以填充水化产物微观结构中的空隙，碳纳米管在水化产物中可以表现出良好的桥联和脱黏效应，如图 3.9 所示。另外，碳纳米管对基体裂纹的桥联作用、碳纳米管的最后断裂等过程均需要消耗一定的能量，这些都会使复合材料的强度进一步提高。

因此少量碳纳米管的掺入可以提高复合材料的抗折强度和抗压强度，并且较基准试件提高幅度显著。

(3)随着碳纳米管掺量的不断增加，碳纳米管水泥净浆试件的抗折强度及其抗压强度开始呈现一定的下降趋势，有的强度甚至低于基准试件。这主要是由于碳纳米管有很大的长径比，同时管与管之间存在很强的范德华作用力，因此碳纳米管常呈团聚体存在，如图 3.8(b)所示，这样就使得碳纳米管在水泥基体中的分散很困难，团聚体中的碳纳米管排列杂乱无章，内部连接松散，这些都降低了复合材料的强度。同时，水化产物中存在大量不密实、蜂窝状的孔隙与孔洞，疏松的水化产物及相应的碳纳米管在基体中形成的微观团聚使两者界面的相容性差，这也导致了复合材料的强度有所降低。

显然，虽然碳纳米管具有近乎完美的力学性能，但只有当合适掺量的碳纳米管均匀分散并相容于水泥净浆中，碳纳米管对水泥净浆基体的力学增强作用才能得到充分的发挥。

(a)

(b)

图 3.8　两种碳纳米管掺量的复合材料试样的 SEM 图

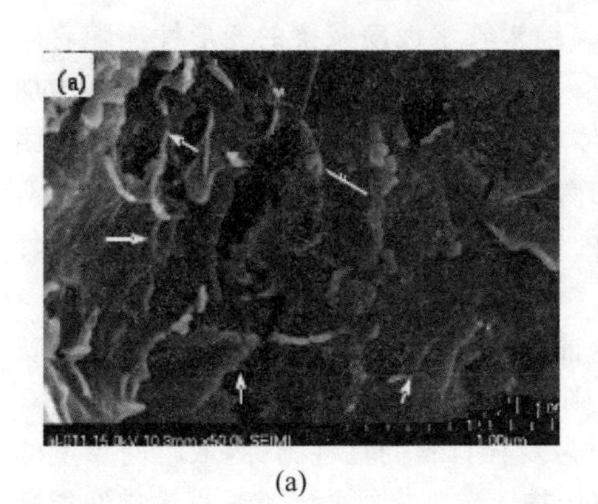

(a)

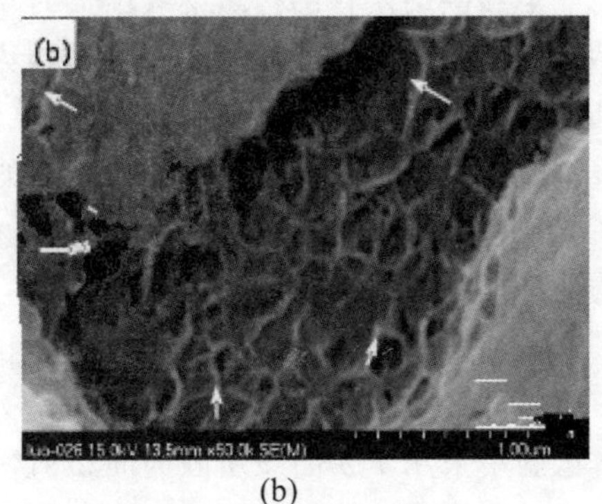

(b)

图 3.9　碳纳米管的桥联与脱黏

3.3 碳纳米管水泥净浆试件的变形及韧性特征

从破坏特征上可以看出，掺入碳纳米管的水泥净浆梁试件的破坏特征与未掺入碳纳米管的基准试件有所不同。未掺碳纳米管的基准试件的破坏过程较为短暂，在较小荷载作用下就会发生断裂，断裂面比较光滑。而碳纳米管的掺入改善了水泥净浆梁试件的脆性破坏，破坏发生时断裂面并不都发生在跨中，断裂面比较粗糙且试件往往未断裂成两部分。

图 3.10 所示为 28 d 龄期下，不同碳纳米管掺量的碳纳米管水泥净浆梁试件的荷载-挠度曲线（P-δ 曲线）。由图 3.10 可以看出，当荷载较小时，掺入碳纳米管的水泥净浆梁试件的变形能力较未掺入碳纳米管的基准试件有增大趋势；并且随着碳纳米管掺量在一定范围的增加，碳纳米管水泥净浆梁试件表现出较好的变形能力。在本次试验中，碳纳米管的掺入量为 0.05%时，表现出最好的变形能力。这是因为碳纳米管本身具有良好的韧性，能阻止微裂缝的产生和扩展，同时碳纳米管对基体裂缝的桥联作用及碳纳米管最终的断裂过程均消耗一定的能量，这些都会使复合材料的变形和承载能力提高。

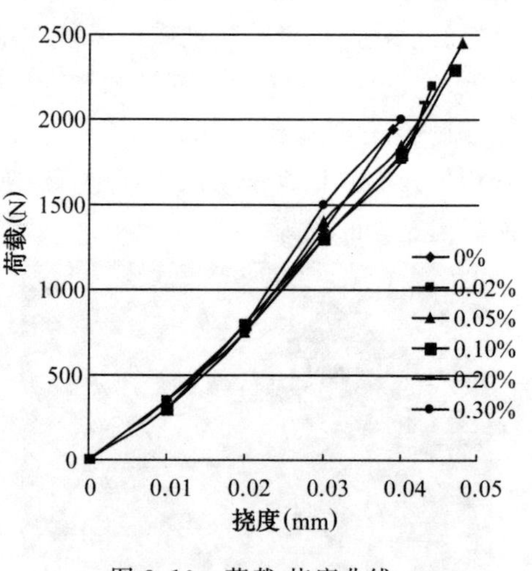

图 3.10 荷载-挠度曲线

但当碳纳米管的掺量继续增大时，碳纳米管水泥净浆梁的变形性能随着碳纳米管掺量的增加反而呈现下降的趋势。这可能是由于当碳纳米管的掺量增加到不能在基体中均匀分散时，这些团聚体之间的结合作用很差，容易集结出现团聚、卷曲现象，疏松的水化产物及相应的碳纳米管在基体中形成的微观团聚使两者界面的相容性差，碳纳米管的效用被削弱，从而使得碳纳米管水泥净浆梁试件的变形能力较之前有所下降。

韧性是表示材料在断裂过程中吸收能量和进行塑性变形的能力，综合反映了材料的变形能力。材料的韧性越好，则材料发生脆性断裂的可能性就越小。本试验中采用 P-δ 曲线所围的面积值作为复合材料的韧性指标，取不同掺量的碳纳米管水泥净浆梁试件的韧性指标与未掺入碳纳米管的基准试件的韧性指标比值作为韧性指数。表 3.6 为掺入碳纳米管的水泥净浆梁试件的韧性随碳纳米管掺量的变化情况和韧性指数。图 3.11 表示不同掺量的碳纳米管水泥净浆梁试件与韧性指数的曲线图,可以直观反映韧性随碳纳米管掺量的变化。

表 3.6　　复合材料的韧性指标

编号	掺入量(%)	韧性(Nmm)	韧性指数
A0	0	33.1	1
A1	0.02	41	1.2387
A2	0.05	50.95	1.5393
A3	0.10	47.35	1.4305
A4	0.20	38.53	1.1640
A5	0.30	36.5	1.1027

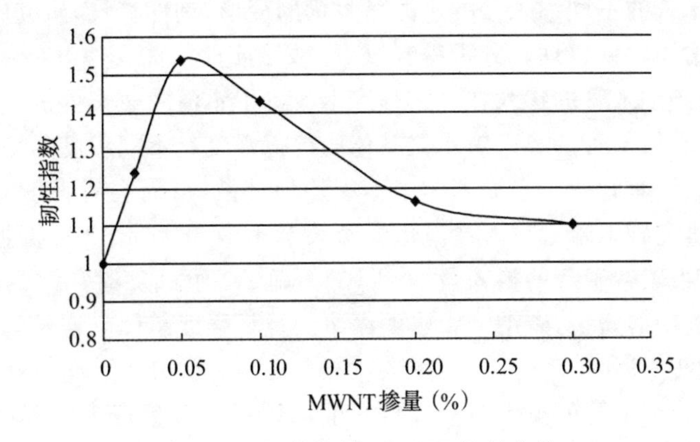

图 3.11　韧性指数-MWNT 掺量曲线

通过表 3.6 及图 3.11 可以看出,在相同水灰比(W/C=0.35)的条件下,碳纳米管的掺入会使碳纳米管水泥净浆梁试件的韧性总体上呈现不同程度的增强效果。少量碳纳米管的掺入对水泥净浆的韧性增幅明显,但是随着碳纳米管掺量的增加,增长幅度逐渐开始出现降低的趋势。

掺入量分别为 0.02%、0.05%的 A1、A2 组的碳纳米管水泥净浆梁试件的韧性指数较基准试件 A0 组有较大的提高,特别是当掺入量为 0.05%时,复合材料试件的韧性指数相对较好。这主要是由于碳纳米管本身具有良好的韧性,能阻止裂纹的生长和扩展,同时少量的碳纳米管在水泥净浆中的分散状况良好,与水泥基体之间有良好的界面相容性,因此在水化产物中可以表现出良好的桥联和纤维拔出效应以及微观填充效应,这些都增强了复合材料的韧性。

但是随着碳纳米管掺量的不断增加,复合材料梁试件的韧性指数增加值开始减小。当碳纳米管掺入量为0.10%时，较之前掺入量为0.05%的A2组试件，其韧性指数开始有所降低，但较水泥净浆基准试件仍是有明显提高；而对于掺入量为0.20%、0.30%的A4、A5组试件，复合材料试件的韧性指数较基准试件的提高幅度却很少。这可能主要是由于碳纳米管掺量不断加大后，碳纳米管在水泥净浆中不能均匀分散，容易集结缠绕成团，与水泥基体材料界面之间的相容性差，碳纳米管的效用被削弱了，从而致使复合材料的韧性有所下降。

3.4 本章小结

本章主要研究了在相同水灰比（W/C=0.35）的条件下，不同龄期下碳纳米管的不同掺入量对水泥净浆复合材料的抗折强度、抗压强度的影响，以及28 d龄期下碳纳米管的不同掺入量的水泥净浆梁的变形、韧性特性，研究碳纳米管对水泥净浆的增强增韧机理。分析得到以下主要结论：

（1）少量碳纳米管的掺入在一定程度上改善了水泥净浆试件的脆性。

（2）少量碳纳米管的掺入对水泥基体的抗折强度有不同程度的增强效果，而较高掺量的碳纳米管若在水泥基体中不能均匀分散，反而会对强度有一定的损害作用。在研究碳纳米管掺入量对水泥净浆7 d、28 d和90 d抗折强度的影响中，可以发现当碳纳米管的掺入量为0.10%，即A3组试件时，其抗折强度相对较高。随着龄期的增长，碳纳米管水泥净浆的抗折强度总体呈增长趋势，但增长幅度不断降低。

（3）少量碳纳米管的掺入对复合材料的抗压强度会呈现不同程度的增强作用，但是掺量较高时强度反而会有所降低。在研究碳纳米管掺入量对水泥净浆7 d强度的影响中，可以发现在掺入量为0.10%，即A3组试件时，抗压强度相对较好，与基准试件相比，提高幅度达到6.29%。在研究碳纳米管掺入量对水泥净浆28 d强度的影响中，可以看出在掺入量为0.20%，即A4组试件时，其抗压强度相对较高，与基准试件相比，提高幅度达到17.26%。在研究碳纳米管掺入量对水泥净浆90 d强度的影响中，可以看出在掺入量为0.20%，即A4组试件时，其抗压强度相对较好，与基准试件相比，提高幅度达到18.49%。碳纳米管的掺入对水泥净浆早期抗压强度提高幅度较小，但是随着龄期的增长，碳纳米管水泥净浆的抗压强度总体呈增长趋势。

（4）从破坏特征上看，未掺入碳纳米管的基准试件破坏时，断裂面比较光滑；而掺入碳纳米管的水泥净浆梁试件破坏时，断裂面相对比较粗糙。从韧性变化特征上看，碳纳米管的掺入会使碳纳米管水泥净浆试件的韧性呈现不同程度的增强效果，28 d龄期时，当碳纳米管的掺入量为0.05%，即A2组试件时，韧性指数相对较好。

(5)碳纳米管的掺入对水泥净浆有良好的增强增韧效果,主要是因为碳纳米管在水化产物的空隙和孔洞中发挥良好的桥联、脱黏以及显微填充效应。但是当碳纳米管的掺入量增加到不能在水泥净浆中均匀分散时,碳纳米管的增强效应将会被削弱,此时复合材料的力学性能反而降低了。

第4章 碳纳米管水泥砂浆的力学性能研究

4.1 原材料及试件准备

本试验所用原材料，即碳纳米管、水泥、减水剂、水等均采用与第3章相同的材料。本试验所用的砂子是细度模数为2.4的天然河砂，砂的颗粒级配良好。

本试验分别采用六组不同多壁碳纳米管掺量的碳纳米管水泥砂浆复合材料试件，相应的碳纳米管掺入量分别是0%、0.02%、0.05%、0.10%、0.20%、0.30%（相对于水泥的质量掺量），减水剂的掺量为水泥质量的0.9%，水灰比为0.50。碳纳米管分散液的浓度为5%，每组在计算总用水量时需考虑碳纳米管分散液中的水分。具体一组三块的碳纳米管水泥砂浆的试验配合比如表4.1所示。

表4.1 碳纳米管水泥砂浆的配合比

编号	水泥(g)	砂子(g)	MWNT分散液(g)	减水剂(g)	水(g)
B0	450	1350	0	4.05	220.95
B1	450	1350	1.8	4.05	219.24
B2	450	1350	4.5	4.05	216.68
B3	450	1350	9.0	4.05	212.40
B4	450	1350	18.0	4.05	203.85
B5	450	1350	27.0	4.05	195.30

按照国家标准《水泥胶砂强度检验方法》(GB/T 17671—1999)，碳纳米管水泥砂浆试件的制备过程如下：

(1)将碳纳米管分散液缓慢倒入总用水量大约3/5的水中，在这个过程中边倒入边搅拌。然后把碳纳米管悬浮液倒入 JJ-5 行星式水泥胶砂搅拌机高速(285 r/min)搅拌 60 s，保证碳纳米管分散液尽量在水中充分均匀分散。

(2)将试验规划用量的水泥、标准砂和掺有萘系高效减水剂的水装入 JJ-5 行星式水泥胶砂搅拌机中，并手动混合均匀，在搅拌过程中再缓慢加入上面得到的碳纳米管分散液，按规范搅拌两个标准循环。

(3)将搅拌机里的水泥砂浆倒出，立即装入事先涂油的 40 mm×40 mm×160 mm 的三联空试模中，然后将其放到 ZS-15 型水泥胶砂振实台进行振实排泡，抹平表面成型，24 h 后进行拆模，将试件在标准条件下养护至强度试验即可。

按照国家标准《水泥胶砂强度检验方法》(GB/T 17671—1999)，进行碳纳米管水泥砂浆试件抗折强度、抗压强度以及韧性试验测试。

4.2 碳纳米管水泥砂浆的强度

将碳纳米管水泥砂浆试件分别养护至 7 d、28 d 和 90 d 龄期后，测试碳纳米管水泥砂浆试件的抗折强度和抗压强度。

由表 4.2 可以看出：在 W/C=0.50 的条件下，少量碳纳米管的掺入对水泥砂浆的抗折强度呈现一定程度的增强作用，但掺量过高时反而会有所降低。碳纳米管对水泥砂浆早期的抗折强度提高较大，随着龄期的增长，强度提高幅度呈现先降低后升高的趋势。

表 4.2　　复合材料 7 d、28 d、90 d 抗折强度

编号	掺入量(%)	7 d 抗折强度 f_t(MPa)	7 d f_t 改变幅度(%)	28 d 抗折强度 f_t(MPa)	28 d f_t 改变幅度(%)	90 d 抗折强度 f_t(MPa)	90 d f_t 改变幅度(%)
B0	0	4.47	—	5.91	—	7.24	—
B1	0.02	4.76	6.49	5.98	1.18	7.61	5.11
B2	0.05	4.99	11.63	5.99	1.35	7.72	6.63
B3	0.10	4.97	11.19	6.26	5.92	7.92	9.39
B4	0.20	5.43	21.48	6.94	17.43	8.58	18.51
B5	0.30	5.17	15.66	6.09	3.05	7.58	4.70

通过表 4.2 及图 4.1 综合分析得出碳纳米管对水泥砂浆 7 d 抗折强度的影响：掺入量分别为 0.02%、0.05%、0.10% 的 B1、B2、B3 组的碳纳米管水泥砂浆试件的抗折强度较基准试件 B0 组有较大的提高；掺入量为 0.20% 的 B4 组试

件，抗折强度相对较高，提高幅度达到 21.48%；掺入量为 0.30%的 B5 组试件，其抗折强度较 B4 组试件有明显的下降，但是比基准试件仍是有明显的提高，提高幅度为 15.66%。

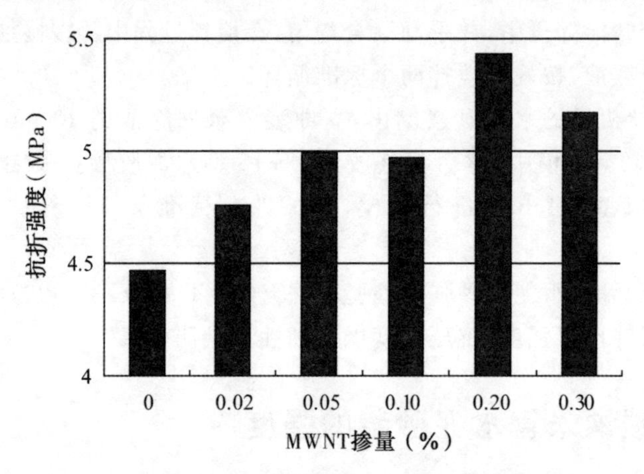

图 4.1　碳纳米管水泥砂浆 7 d 抗折强度柱状图

通过表 4.2 及图 4.2 综合分析得出碳纳米管对水泥砂浆 28 d 抗折强度的影响：掺入量分别为 0.02%、0.05%、0.10%的 B1、B2、B3 组的碳纳米管水泥砂浆的抗折强度较基准试件 B0 组有所提高，但是提高幅度不大；掺入量为 0.20%的 B4 组试件，其抗折强度有了明显的提高，达到最高值，提高幅度达到 17.43%；掺入量为 0.30%的 B5 组试件，抗折强度较基准试件有所提高，但是提高幅度不大，仅为 3.05%，并且较 B4 组试件有了明显的下降。

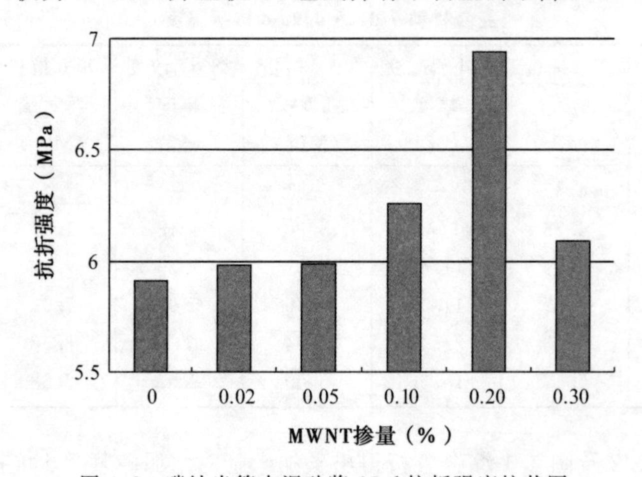

图 4.2　碳纳米管水泥砂浆 28 d 抗折强度柱状图

通过表4.2及图4.3综合分析得出碳纳米管对水泥砂浆90 d抗折强度的影响：掺入量分别为0.02%、0.05%、0.10%的B1、B2、B3组的碳纳米管水泥砂浆的抗折强度较基准试件B0组提高幅度不断加大；掺入量为0.20%的B4组试件，其抗折强度有了明显的提高，达到相对较高值，提高幅度达到18.51%；掺入量为0.30%的B5组试件，抗折强度较基准试件有所提高，但是提高幅度不大，仅为4.7%，并且较B4组试件有了明显的下降。

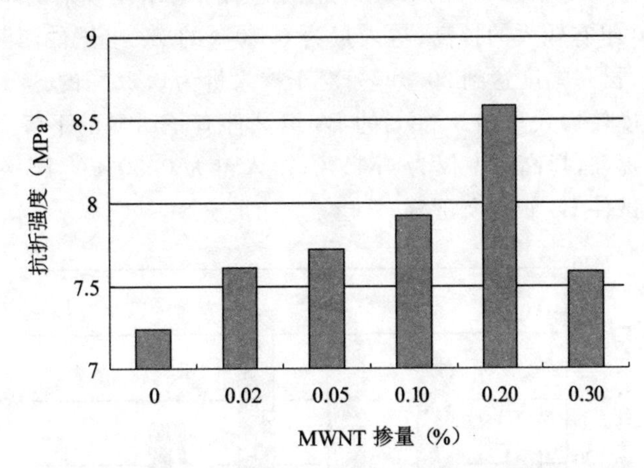

图4.3　碳纳米管水泥砂浆90 d抗折强度柱状图

表4.3为不同掺量碳纳米管水泥砂浆复合材料7 d、28 d和90 d的抗压强度测试结果。图4.4、图4.5和图4.6分别为不同掺量碳纳米管水泥砂浆复合材料7 d、28 d和90 d抗压强度的柱状图。

表4.3　　复合材料7 d、28 d和90 d抗压强度

编号	掺入量（%）	7 d抗压强度 f_c（MPa）	7 d f_c改变幅度（%）	28 d抗压强度 f_c（MPa）	28 d f_c改变幅度（%）	90 d抗压强度 f_c（MPa）	90 d f_c改变幅度（%）
B0	0	20.4	—	25.6	—	30.3	—
B1	0.02	23.1	13.24	28.1	9.77	32.7	7.92
B2	0.05	23.8	16.67	28.6	11.72	33.9	11.88
B3	0.10	24.6	20.59	26.7	4.30	35.9	18.48
B4	0.20	21.3	4.41	25.1	−1.95	33.6	10.89
B5	0.30	19.7	−3.43	23.1	−9.77	32.5	7.26

由表 4.3 可以看出:在 W/C=0.50 的条件下,少量碳纳米管的掺入使水泥基体的抗压强度有不同程度的增强作用,但是掺量过高时反而会有一定程度的损害。碳纳米管对水泥砂浆早期抗压强度提高较大,随着龄期的增长,强度开始出现一定的波动,总体呈现下降趋势。

通过表 4.3 及图 4.4 可以看出碳纳米管对水泥砂浆早期抗压强度的影响:掺入量分别为 0.02%、0.05%的 B1、B2 组的碳纳米管水泥砂浆试件的抗压强度较基准试件 B0 组有较大的提高;掺入量为 0.10%的 B3 组试件,其抗压强度达到相对较高值,提高幅度达到 20.59%;对于掺入量为 0.20%的 B4 组试件,复合材料的抗压强度较掺入量为 0.10%的 B3 组试件有了明显的下降,但是较基准试件仍是有所提高,提高幅度仅为 4.41%;掺入量为 0.30%的 B5 组试件,其抗压强度较基准试件 B0 组有所下降。

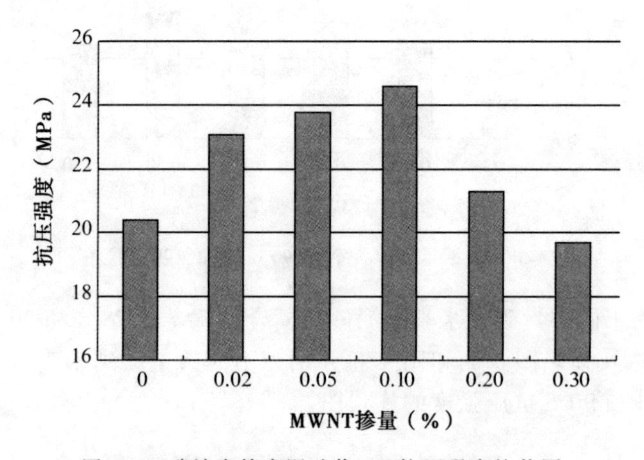

图 4.4　碳纳米管水泥砂浆 7 d 抗压强度柱状图

通过表 4.3 及图 4.5 可以看出碳纳米管对水泥砂浆 28 d 抗压强度的影响:掺入量分别为 0.02%、0.05%的 B1、B2 组的碳纳米管水泥砂浆试件的抗压强度较基准试件 B0 组有较大的提高,在掺入量为 0.05%时的 B2 组试件达到相对较高值,提高幅度达到 11.72%;对于掺入量为 0.10%的 B3 组试件,其抗压强度较掺入量为 0.05%的 B2 组试件有了明显的下降,但是较基准试件仍是有所提高,提高幅度仅为 4.30%;对于掺入量为 0.20%、0.30%的 B4、B5 组试件,碳纳米管水泥砂浆的抗压强度较基准试件 B0 组有较大的下降,特别是 B5 组试件,下降幅度达到 9.77%。

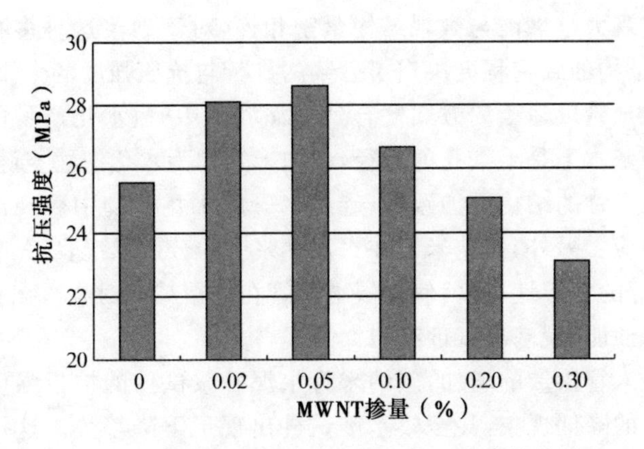

图 4.5　碳纳米管水泥砂浆 28 d 抗压强度柱状图

通过表 4.3 及图 4.6 可以看出碳纳米管对水泥砂浆 90 d 抗压强度的影响：掺入量分别为 0.02%、0.05%的 B1、B2 组的碳纳米管水泥砂浆试件的抗压强度较基准试件 B0 组有较大的提高；掺入量为 0.10%的 B3 组试件，其抗压强度相对最高，提高幅度达到 18.48%；掺入量为 0.20%、0.30%的 B4、B5 组试件较掺入量为 0.10%的 B3 组试件有了明显的下降，但是较基准试件仍是有所提高。

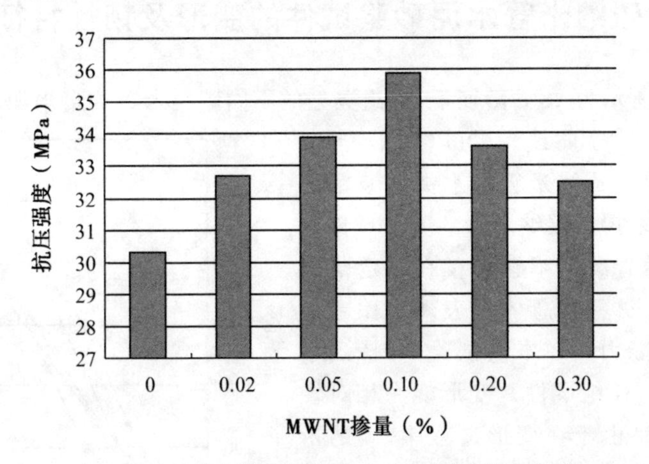

图 4.6　碳纳米管水泥砂浆 90 d 抗压强度柱状图

上述结果表明，掺入一定量的碳纳米管后，碳纳米管水泥砂浆复合材料的抗折强度和抗压强度均可显著提高。但碳纳米管的掺量存在一个临界值，当碳纳米管掺量小于此值时，复合材料的抗折强度和抗压强度随着碳纳米管掺量的增加而增加；当碳纳米管的掺量大于此值时，复合材料的抗折强度和抗压强度增加值基本不变或减弱。

材料的宏观力学性能与微观结构紧密相连，对于砂浆这种多孔的准脆性材料而言，微观结构的致密程度决定了砂浆的抗折与抗压强度的大小。

少量碳纳米管以适当的方式复合到水泥砂浆中时，水化产物的微观结构均匀、致密，孔径基本上是毛细孔的直径，碳纳米管作为水化产物空隙间的填充物，可以使得水化产物的结构更加致密，碳纳米管在水化产物中表现出良好的桥联和纤维拔出效应。另外，碳纳米管在水泥砂浆中的分散状况良好，与砂浆界面结合适中，有很好的相容性，这就使得碳纳米管在少量掺入时表现出良好的抗折强度及抗压强度性能，较基准试件有很大的提高。

随着碳纳米管掺量的增加，碳纳米管水泥砂浆试件的抗折强度及抗压强度开始呈现一定的降低现象，甚至较基准试件出现了下降趋势。这可能主要是由于碳纳米管长径比很大且存在很强的范德华作用力，因此碳纳米管常容易团聚缠绕，致使碳纳米管在水泥砂浆中不能很好地分散，从而降低了碳纳米管水泥砂浆复合材料的强度。同时，水化产物中存在大量不密实的孔隙，疏松的水化产物及相应的碳纳米管在基体中形成的微观团聚使两者界面的相容性差，也将表现出较差的强度。

4.3 碳纳米管水泥砂浆试件的变形及韧性特征

图 4.7 所示为 28 d 龄期下，一组典型的不同碳纳米管掺量水泥砂浆梁的荷载-挠度曲线（P-δ 曲线）。可以看出，当荷载较小时，掺入碳纳米管的水泥砂浆梁的变形能力较未掺入碳纳米管的基准试件有明显增大；随着碳纳米管掺量在一定范围的增加，复合材料梁总体上表现出比之前更好的变形能力。在本次试验中，掺入量为 0.20% 的 B4 组试件其变形能力相对较好。这可能是由于在变形过程中，碳纳米管能吸收更多的能量，以阻止微裂缝的产生和发展，从而使碳纳米管水泥砂浆复合材料的变形能力得到较大提高。

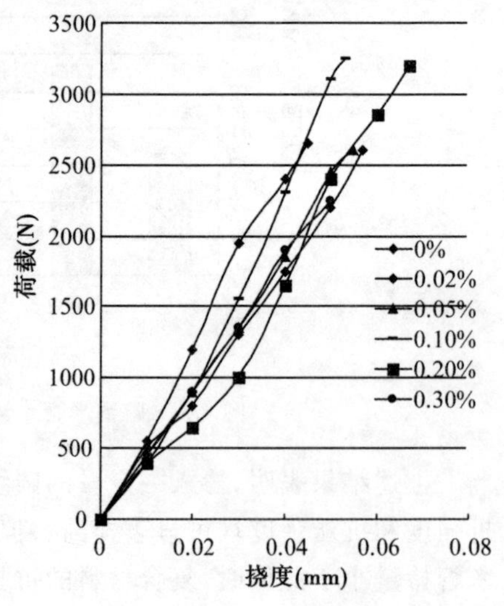

图 4.7 荷载-挠度曲线

但当碳纳米管的掺量继续增大时，水泥砂浆试件的变形能力随碳纳米管掺量的增加反而有不同程度的减小。这可能是由于随着碳纳米管掺入，增加的碳纳米管在水化产物中没有很好地分散开来，碳纳米管与水泥砂浆之间形成微观团聚现象，使两者界面的相容性差。

本试验中仍采用 $P\text{-}\delta$ 曲线所围面积值作为复合材料的韧性指标，取不同掺量碳纳米管水泥砂浆梁的韧性指标与未掺入碳纳米管的基准试件梁的韧性指标的比值为韧性指数。表 4.4 给出了掺入碳纳米管的水泥砂浆梁的韧性随碳纳米管掺量的变化情况和韧性指数。图 4.8 表示不同掺量的碳纳米管水泥砂浆梁试件与韧性指数的曲线图，可以直观反映韧性随碳纳米管掺量的变化。

表 4.4　复合材料的韧性指标

编号	掺入量(%)	韧性(Nmm)	韧性指数
B0	0	61.625	1
B1	0.02	71.30	1.1570
B2	0.05	69.875	1.1339
B3	0.10	77.025	1.2499
B4	0.20	96.425	1.5647
B5	0.30	66.75	1.0832

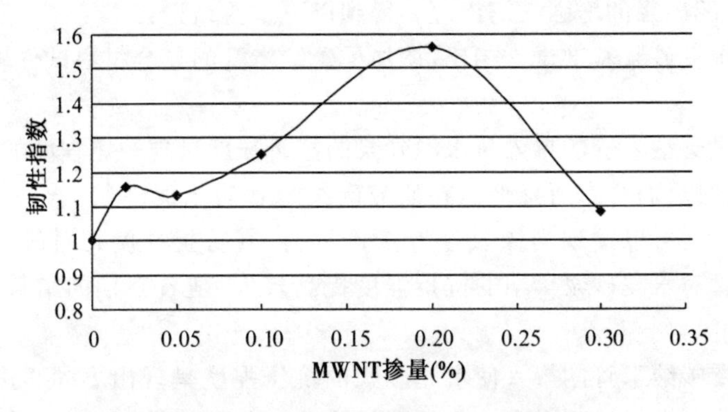

图 4.8　韧性指数-MWNT 掺量曲线

通过表 4.4 及图 4.8 可以看出，在相同水灰比(W/C=0.50)的条件下，随着碳纳米管的掺入，复合材料试件的韧性呈现出增强的效果。

掺入量分别为 0.02%、0.05%、0.10% 的 B1、B2、B3 组的碳纳米管水泥砂浆梁的韧性指数较基准试件 B0 组有较大的提高，当掺入量为 0.20% 时，其韧性指数相对较好。这主要是由于少量的碳纳米管在水泥砂浆中能很好地分散，与基体界面也有很好的相容性，并且碳纳米管在水化产物中表现出良好的桥联和黏结效应，这些都增强了复合材料的韧性。

但是随着碳纳米管掺量的不断增加，试件的韧性指数增加值开始出现下降的趋势。对于掺入量为0.30%的B5组试件，碳纳米管水泥砂浆梁的韧性指数较掺入量为0.20%的B4组试件有了明显的下降，但是较基准试件仍有稍许提高。这可能是由于碳纳米管增加到不能在水泥砂浆中均匀分散时，此时碳纳米管就容易出现团聚缠绕现象，与基体界面之间的相容性差，这些都可能致使复合材料的韧性有所下降。

上述结果表明，掺入一定量的碳纳米管后，碳纳米管水泥砂浆复合材料的韧性指数较基准试件有所提高。但碳纳米管的掺量存在一个临界值，当碳纳米管的掺量小于此值时，复合材料的韧性指数随着碳纳米管掺量的增加而增加；当碳纳米管的掺量大于此值时，复合材料的韧性指数开始有所下降。

4.4 本章小结

本章主要研究了在相同水灰比(W/C=0.50)的条件下，不同龄期下掺量不同的碳纳米管对碳纳米管水泥砂浆复合材料的抗折强度、抗压强度的影响，以及龄期28 d时碳纳米管的不同掺入量对水泥砂浆梁的变形、韧性的影响，分析碳纳米管对水泥砂浆的增强增韧机理。得到以下主要结论：

(1)与水泥砂浆基准试件相比，掺加了碳纳米管的复合材料试件破坏时的脆性有所改善。

(2)少量碳纳米管的掺入对水泥砂浆的抗折强度呈现一定程度的增强作用，但掺量过高时反而会有所降低。在研究碳纳米管对水泥砂浆7 d、28 d和90 d强度的影响中，可以发现当掺入量为0.20%时，其抗折强度相对较好。同时发现，碳纳米管对水泥砂浆早期的抗折强度提高较大，随着龄期的增长，强度提高略有下降。

(3)少量碳纳米管的掺入使水泥砂浆的抗压强度呈现出不同程度的增强作用，但是掺量过高时反而会有一定程度的损害。在研究碳纳米管对水泥砂浆7 d强度的影响中，可以发现在掺入量为0.10%时，抗压强度相对较高，与基准试件相比，提高幅度达到20.59%。研究碳纳米管对水泥砂浆28 d强度的影响中，可以看出在掺入量为0.05%时，其抗压强度相对较高，与基准试件相比，提高幅度达到11.72%。研究碳纳米管对水泥砂浆90 d强度的影响中，可以看出在掺入量为0.10%时，其抗压强度相对较好，与基准试件相比，提高幅度达到18.48%。碳纳米管对水泥砂浆早期抗压强度提高较大，随着龄期的增长，强度开始呈现一定程度的下降趋势。

(4)从变形及韧性变化特征上看，碳纳米管的掺入会使水泥砂浆试件的变形、韧性呈现不同程度的增强效果，当碳纳米管的掺入量为0.20%时，其变形能力和韧性指数相对较好。

(5)碳纳米管在水泥砂浆中的分散状况良好，与基体界面之间相容性很好，碳纳米管在水化产物的空隙和孔洞中发挥良好的桥联、脱黏以及显微填充效应，这些都使得水泥砂浆试件的强度及韧性有所提高。因此，只有当合适掺量的碳纳米管均匀分散并相容于水泥砂浆中时，碳纳米管对水泥砂浆基体的力学增强作用才能得到充分的发挥。

第5章 碳纳米管水泥基复合材料电阻率和机敏性研究

5.1 复合材料导电机理

5.1.1 复合材料导电性能

国际标准化协会组织(International Organization for Standardization,ISO)定义复合材料就是两种或两种以上物理和化学性质不同的物质组合而成的多相固体材料。在复合材料中,各个组分没有发生化学变化而转化成新的材料,而是仍保持复合前各自的独立性,但是各组分复合在一起后得到的复合材料性能却不是组分材料性能的简单相加之和,而是比任何组分性能都优越。通常将复合材料中一个比较连续或者是起主导作用的相称为"基体",复合到基体中的相称为"增强相"或"添加相",基体与增强相的结合面称为"界面"。碳纳米管水泥基复合材料(WMNT/CC)是在普通混凝土中掺入一定量的碳纳米管复合而成的。对于碳纳米管水泥基复合材料而言,水泥基即是复合材料的基体,其将碳纳米管包容在内,碳纳米管就是增强相,复合材料是由这两相复合而成的。碳纳米管和水泥水化产物的结合面就是界面。

电阻率是用来表示各种物质电阻特性的物理量。某种材料制成的长1 m、横截面积是1 mm^2 的在常温下(20 ℃时)导线的电阻,叫作这种材料的"电阻率"。电阻率的单位是欧姆·米(Ω·m)。电阻率是反映导体导电性能的量,是材料导电性能的特征参数,与电导率互为倒数。电导率与材料所带电荷载体浓度及电荷的移动能力成正比。在材料中,电荷一般是以电子或者离子为载体。金属材料一般靠电子导电,金属之外的其他材料特别是复合材料一般都由离子导电，但是电子的迁移能力远比离子强，所以金属材料的电导率明显高于其他材料，即金属材料的电阻率显著比其他材料或者复合材料小。

材料的导电分为内部导电和表面导电，对于像金属这样导电性能很好的材料，电荷的载体主要集中在材料的内部，虽然材料表面也有电荷载体，但是由于所占比例很小，所以可以忽略，认为电流只通过材料内部的电荷载体传导。而对于导电性能不好的材料而言，因为导电能力不强，相比于材料内部电荷载体传导的电流，表面电荷载体传导的电流不可忽略，由于材料存在内部电流和表面电流，为了区分，分别称为"体积电流"和"表面电流"，相对应的电导率分别称为"体积电导率"和"表面电导率"，对应的导电能力分别称为"体积电阻率"和"表面电阻率"。

普通混凝土和水泥基材料的导电性能很差，其表面电流不能忽略，但是由于多壁碳纳米管材料是电的优良导体，在水泥基体中掺入少量碳纳米管后，复合材料的电阻率显著降低，这时候主要表现为体积电流，表面电流可以忽略不计，因此，本章以体积电阻率来表征复合材料的导电能力。

5.1.2 复合材料导电机理

复合材料的电导率一般和基体材料的导电性能和组分材料的导电性能及掺量都有很大的关系，一般用表面电阻率或者体积电阻率来描述。但是当基体材料是绝缘体，不参与电荷的传导时，不但和组分材料或增强材料的掺量有关，还和其在基体材料中的分散情况有密切关系。当组分材料的掺量和分散情况不同时，复合材料的导电机理是不同的，所以不能简单以上述规律来描述。本章研究的碳纳米管水泥基复合材料的组分，其基体材料大致属于绝缘材料范畴，而增强相多壁碳纳米管的导电性能良好，复合材料的电荷传导主要由碳纳米管来完成。大多数学者研究认为对于复合材料而言，其导电机理大致分三种：漏电、隧穿效应和粒子导电。

5.1.2.1 漏电

当复合材料的各组分都属于绝缘体范畴，复合材料也属于绝缘体范畴，或者即使复合材料的增强相导电性能良好，但是由于掺量少或分散不均匀，导致增强相的间距较大，不能构成导电连续通道时，复合材料的电流主要是材料中的少量带电离子、水分及少量杂质产生的"漏电流"。其电导率的复合效应遵循一般串并联混合电路中总电阻与分电阻之间的关系和规律。

5.1.2.2 隧穿效应(也叫"隧道导电")

导电填料加到聚合物基体后不可能达到真正的多相均匀分布，总有部分带电粒子相互接触而形成链状导电通道，使复合材料得以导电；另一部分导电粒子则以孤立粒子或小聚集体形式分布在绝缘的聚合物基体中，基本上不参与导电。但是，由于导电粒子之间存在着内部电场，如果这些孤立粒子或小聚集体之间相距很近，中间只被很薄的聚合物层隔开，那么由于热振动而被激活的电子越过聚合物的能量大于阻碍其运动的势能时，粒子可以透过任意宽度的势垒。隧道效应也应根据含水量的大小进行修正：含水量大，绝缘势垒的高度就低，导电粒子容易跃迁，隧道电流就大；含水量小，势垒高度就高，导电粒子跃迁困难，隧道电流就小。当导电粒子间的内部电场很强时，电子将有很大的概率飞跃聚合物界面层势垒跃迁到相邻的导电粒子上，产生发射电流，这时聚合物界面层起着相当于内部分布电流的作用。这类复合材料的导电机构模型如图 5.1 所示。

很显然，这类复合材料的导电能力主要取决于电子越过导电粒子间基体构成的势垒的能力。势垒一方面与粒子间基体厚度有关，另一方面还与这种基体的性质有关。

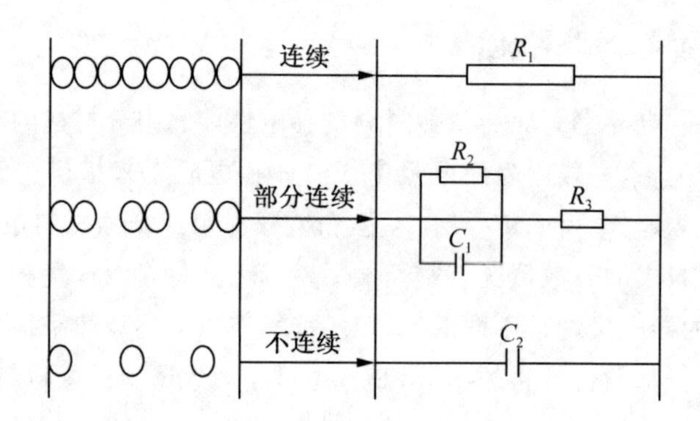

图 5.1　复合材料导电机构模型

5.1.2.3　粒子导电

当复合材料的导电粒子含量增加到一定的程度时，部分粒子间产生相互接触而形成导电粒子链，这时产生的导电行为称为“粒子导电”。在这种导电机制下，影响或控制复合材料电导率的因素除导电粒子本身的电导率外，还有导电粒子间的接触电阻和接触程度，后者由导电粒子的含量和分散程度而定。这里通常采用的是渗滤理论，它可用来解释电阻率与导电粒子填充含量之间的关系。该理论认为，电阻率的下降是由于导电粒子形成导电连通网络所致。导电粒子含量低时，复合材料电阻率大，导电连通网络尚未大范围形成，电阻率随导电粒子填充含量变化而变化的速度缓慢；导电粒子含量较高时，导电连通网络逐渐形成，复合材料电阻率随导电粒子填充量变化而变化的速度急剧；导电粒子含量很高时,导电连通网络已经大范围形成,复合材料电阻率小,电阻率随导电粒子填充含量变化而变化的速度又趋缓慢。此理论中有一个重要概念叫作“渗滤阈值”,指的是当导电填料体积含量达到某一临界值(渗滤阈值)时,复合材料的电阻率发生突变,出现上下几个数量级的波动。

5.1.3 碳纳米管水泥基复合材料导电机理

碳纳米管水泥基复合材料(MWNT/CC)试件的导电一部分由水泥基体相来完成,另一部分由 MWNT 来完成。对于基体相的导电,一般可分为两部分:一部分是通过自由的可蒸发水中的离子导电,即通过硬化水泥基体内液相水中的 Ca^{2+}、OH^-、SO_4^{2-}、Na^+ 等离子在外加电场作用下产生定向移动而导电,它取决于液相中离子的浓度、种类和温度。另一部分是通过凝胶、凝胶水及未反应的水泥颗粒的电子导电,主要是铁、铝、钙的化合物。MWNT 轴向为碳—碳化合键,而层间为 π 电子杂化结构,端口多为缺陷结构,因而在 MWNT 中存在 π 电子导电及空穴导电行为。

这样,对于 MWNT/CC 来说,载流子的类型包括水泥基体液相水中的离子,铁、铝、钙等化合物中的电子,MWNT 上的离域 π 电子,以及 MWNT 中的带电空穴。MWNT/CC 的电导率(σ)应为这几种载流子贡献之和。

MWNT 分散在水泥基体中,受电介质水泥基体的阻隔,形成势垒。当 MWNT 掺量较低时,相邻 MWNT 之间的距离较大,其表面上的 π 电子难以穿越其间的势垒,相应随 MWNT 掺量增大,MWNT/CC 试件的电导率增加并不明显;当 MWNT 表面的 π 电子和空穴从外界获得足够的能量时,就可越过相邻 MWNT 之间的水泥基体势垒,从一根 MWNT 跃迁到另一根 MWNT 上,从而实现传导。

5.2 复合材料电阻测量方法

准确测量碳纳米管水泥基复合材料(MWNT/CC)试件的体积电阻率(ρ)是研究 MWNT 掺量、单调荷载、往复荷载等单独或组合因素作用下的电阻性能的关键问题。

5.2.1 电极选用原则

电阻值是测量对象的关键,而电极是联系被测试件和测试仪器的桥梁,因此电极电阻率的大小,与被测试件及外导线接触良好与否,以及在使用中的耐久性等都直接关系到测试结果的精确度和真实性。

目前,电极制作方法主要有电镀法、粘贴法和埋入法等。其中,在试件表面镀银电极的方法虽然测试结果比较准确,但工艺复杂、造价高,且在恶劣环境中易破坏,很难在工程应用领域推广使用。因此,在测试水泥试件电阻过程中,电极普遍采用粘贴法和埋入法,如图 5.2 所示。其中,粘贴法是指在硬化后试块的两平行面上用银质导电胶粘贴两片电极,等导电胶固化后测试电阻。已有的研究表明:导电胶和电极接触面很难紧密结合,电阻的测试结果受电极粘贴状况影响很大,在压应力情况下,导电胶被压缩变形,对电阻测试有显著的影响。埋入法是指在试件振捣成型过程中,直接将电极插在两平行面边缘处或对称插在水泥浆中,养护硬化后电极就与水泥基结合在一起。采用薄铜板或不锈钢板作电极时,会在薄板和试件接触面之间形成一层多孔的过渡区,这显然对电阻测试不利。

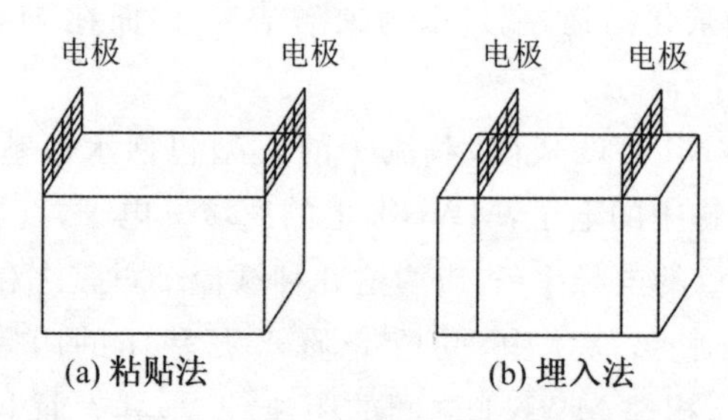

图 5.2　电极的两种制作方法(粘贴法和埋入法)

采用网状电极代替铜板或不锈钢板是一种更为可取的方式。网状电极可很好地避免薄板和试件接触面的吸附水层,也可防止由于铜板或不锈钢板电极刚度过强,而对截面造成一定的削弱。网状电极可用不锈钢网、铁网、镀铜铁网或纯铜网等。韩宝国等人采用不锈钢网作电极,取得了较好的效果,同时网状电极带来的面积削弱对电阻测试影响并不大。韩宝国等人还对边端粘贴法或中间埋入法两种电极安装形式进行了比较,发现相对于粘贴法,埋入法的测试结果更稳定、离散性更小。

镀铜铁网不但可有效地解决纯铜网刚度弱的问题,较好地保持电极和试件的整体性,还可避免因使用铁网,生锈电极带来的电化学反应使试件电阻测量的结果明显偏大的现象。然而镀铜铁网在试件成型时水泥浆体强电解质环境中、潮湿养护室环境中还是有一定的剥蚀现象,且随时间增长,腐蚀现象愈加明显,进而也会给试件电阻测量带来一定的误差。纯紫铜箔电导率很高,埋于水泥基体中不易生锈,可作为优良的导电电极。虽然其表面光滑,但可通过表面凿孔、打毛处理，使铜箔电极与基体结合界面显著增强。

综合以上研究结果，本试验决定采用网口为40目的不锈钢网作为试件的导电电极。在试件浇筑成型前，预先将电极嵌入试件模具中，之后倒入拌好的浆料，振动密实成型。这样埋入的电极与试件接触良好，能与试件共同承受外荷载，耐久性较好，相应测试电阻的离散性也小。但是由于不锈钢铁网在试验过程中还是会出现生锈的现象，所以在试件的养护过程中和试验过程中要注意保护传感器的电极，尽量防止其生锈和脱落。

5.2.2 电阻测试方法

测试方法从电极数量上可分为两电极法和四电极法，如图5.3所示。

两电极法和四电极法的差别在于：两电极法的两个电极既充当电流极又充当电压极，即电压极和电流极重合；而四电极法的外侧两个电极充当电流极，内侧的两个电极充当电压极，即电流极和电压极没有重合。目前，电阻测试方法从电源类别上可分为直流(DC)法和交流(AC)法，相应有DC伏安测试法、AC阻抗测试法及DC电桥测试法。

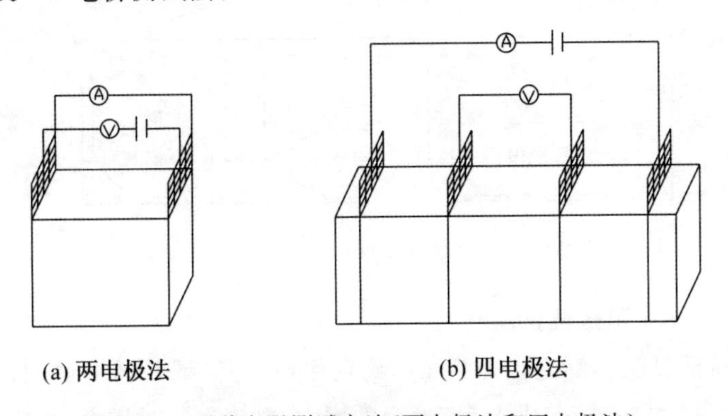

图5.3 两种电阻测试方法(两电极法和四电极法)

5.2.2.1 DC伏安测试法

DC伏安测试法是目前应用最为广泛的材料电阻测试方法之一，其基本原理是利用欧姆定律，给试件两端加上恒定的DC电压，测得流经试件的电流，进而利用公式 $R=U/I$ 获得试件的电阻。表征水泥基材料的电阻有体积电阻、表面电阻和绝缘电阻三种电阻，其中，绝缘电阻是施加在试样上的DC电压与流过电极间的传导电流之比，体积电阻是施加在试样上的DC电压与电极间的体积传导电流之比，而表面电阻是施加在试样上的DC电压与电极间表面传导电流之比。表面电阻受诸多因素影响，且绝缘电阻(R_0)可看成是体积电阻(R_v)和表面电阻(R_s)的并联,如公式(5-1)所示。

$$R_0=1/(1/R_v+1/R_s) \tag{5-1}$$

一般 R_s 远远大于 R_0 和 R_v,于是 R_0 近似等于 R_v。已有研究表明,能反映试件内应力、应变和裂缝变化情况的电阻是 R_v。实际测量 R_v 必须采用保护电极,非常繁琐,而在工程应用中,一般不需要定量地测得 R_v 值,而只需要知道相应 R_v 的相对变化。因此,本节用 DC 伏安测试法测表面光滑的试件的绝缘电阻 R_0 来代替体积电阻 R_v,用绝缘电阻 R_0 的变化来表征体积电阻 R_v 的变化。另外,由于埋入的电极与试件是两种不同性质的材料,不可避免地存在一定的接触电阻。Chung 等人的研究结果表明,与两电极法相比,四电极法可以较好地避免电极与导电水泥基材料之间的接触电阻,因此相应导电水泥基材料电阻测试结果更加准确,尤其是 DC 电源测电阻时。韩宝国等人基于四电极法原理,设计了碳纤维水泥基导电复合材料(CFRC)传感器网络信号实时采集系统,具体如图 5.4 所示。针对 MWNT/CC 试件,也主要采用图 5.4 所示的电阻实时采集方法测试 MWNT/CC 电阻率的实时变化值。

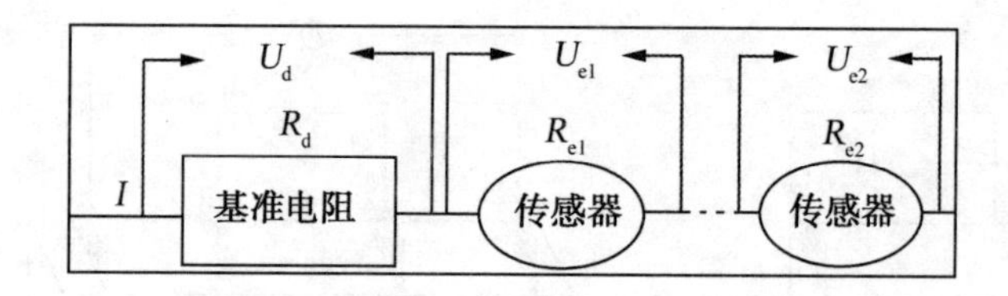

图 5.4　碳纤维水泥基导电复合材料电阻实时采集电路

5.2.2.2　AC 阻抗测试法

AC 阻抗测试法实际上也是利用欧姆定律,只是给试件两端通的是交流电。由公式 $Z=U/I$ 可知,随着供电频率(f)的增大,电流也同时增大,相应试件的阻抗将随 f 的增加而减小。交流阻抗包括电阻、容抗和感抗,对于水泥基材料,其等效电路模型一般为电阻与电容的串或并联($Z=1/(1/R+1/Z_c)$,$Z_c=1/(2\pi fC)$),感抗可忽略不计。在电压不变的条件下,随着 f 的增大即角频率增大,容抗减小,则并联后的总电阻也减小。李卓球等人比较了 AC、DC 方法对测试结果的影响,发现当 AC 电频率超过 1 kHz 时,AC 两电极法可得到准确稳定的测试结果,且 AC 阻抗测试法在两电极情况下就可消除相应的极化影响。

另外,采用小高频 AC 电源测试水泥基试件阻抗的方法,一方面可有效消除试件电极处的化学极化效应,减小水泥基材料作为电容器充、放电的影响,有效地消除试件电极处的接触电动势;另一方面,还可消除电极与试件基体之间存留气体的影响,因为电流小,电化学反应弱,在电极附近产生的气体也要少得多。这样使得测试数据更精确,灵敏度也会得到提高。

5.2.2.3　DC电桥测试法

前面提到的两种测试方法基本原理都是利用伏安法,但这种方法除了使用的电流表和电压表精度不高会给实验带来误差外,由于电表本身具有内阻,不论是采用内接还是外接,都不能同时准确测出流经试件的电流 I 和两端电压 V,因此不可避免地还存在线路本身的缺陷带来的误差。而用电桥法测量电阻,实质是把被测电阻与标准电阻作比较,以确定其值。由于电阻的制造可以达到很高的精确度,所以用电桥法测量电阻可以达到较高的精确度。电桥可分为DC电桥和AC电桥。而DC电桥又分为单臂电桥和双臂电桥。双臂电桥又称为"开尔文电桥"(Kelvin Bridge),适用于测量低值电阻($10^{-5}\sim10^{-1}$ Ω);单臂电桥又称为"惠斯通电桥"(Wheatstone Bridge),主要用于精确测量中值电阻($10\sim10^{5}$ Ω)。由于碳纳米管水泥基导电复合材料的电阻处于中值电阻区间,所以本节主要采用单臂电桥测量试件的电阻值。惠斯通电桥的基本结构如图5.5所示。若通过对角线上的检流计G的电流 $I_g=0$,相应电桥平衡条件为:

$$R_1\times R_4=R_2\times R_3 \tag{5-2}$$

通常取 R_1、R_2 为标准电阻,R_1/R_2 称为"桥臂比"。改变 R_3 值使电桥达到平衡,相应就可以测出相应 R_4 的阻值。另一方面,也可通过测量被测试件并联到已平衡的两个相同阻值标准电阻(R_3、R_4)组成的半桥的一个臂(如 R_4)上而存在的不平衡输出电压(ΔU_{12})来计算获得电阻实时值。

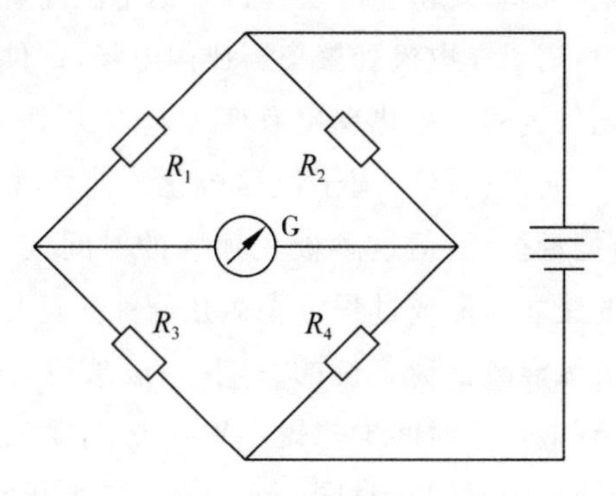

图5.5　惠斯通电桥示意图

5.2.3 测试过程中的极化现象

由于硬化水泥试件为不均匀的多相多孔性材料，水泥水化后会产生大量离子(如 Ca^{2+}、OH^-、SO_4^{2-} 等)存在于孔隙中的微溶液中。当施加外电场时，尤其是直流(DC)电场，这些电解质溶液中的离子会参与导电，且聚集在电极表面形成与外加电场方向相反的内电场，表现为在恒定电压作用下，试件的电流随测试时间而持续减小的极化现象，如图 5.6 所示。

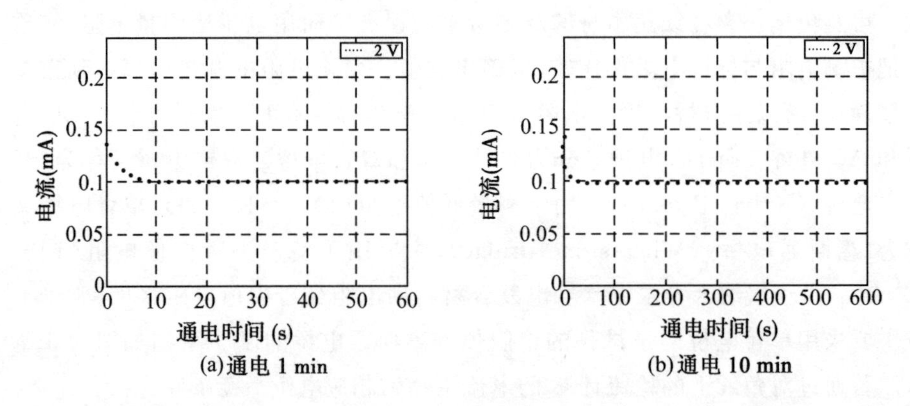

图 5.6 DC 2V 下 MWNT/CC 试件通过的电流随时间变化关系图

从图 5.6(a)看出，极化电流在通电的最初 10 s 内变化显著，转向极化起着主要作用。图 5.6(b)显示，极化电流在通电 10 min 后还有些许降低，这主要是由离子迁移聚集引起的，同时 MWNT/CC 试件内部存在着一定程度的离子导电，相应发生离子迁移和沉积，使得相应通过试件的电流随着通电时间而逐渐减小。在电阻测试过程中，离子在电极处聚集形成内电场，试件电阻值随测试时间变化的过程反映了极化的过程。极化现象有四种基本类型：(1)电子位移极化；(2)空间电荷极化；(3)转向极化；(4)离子位移极化。前两种极化不会产生能量消耗，转向极化会发生能量损耗，但这种极化建立的时间较短，一般 2～10 s 就完成。离子位移极化的建立与形成过程可长达几分钟甚至几个小时。毛起炤等人研究了极化效应对机敏混凝土稳定性的影响，一般来说，材料的导电性越好，极化效应越小，极化达到饱和的时间也越短。Wen 等人发现压力可减小极化的幅度，并缩短极化达到饱和的时间。对同一个试件，施加电场越高，相应的极化电阻越大，而采用低电压或低电流可有效地减少极化效应的影响，因此，本试验测试 MWNT/CC 电阻性能时，采用 24 V 的稳定 DC 电压。为了消除这种极化现象对试验结果的影响，在试验前先将试件放在烘箱中，于45 ℃的状态烘干至恒重，冷却至室温，通电20 min大致消除极化影响后再记录万用表的电压和电流数据。

5.3 碳纳米管水泥基复合材料体积电阻率和压阻性研究

5.3.1 原材料

在本试验中所用的水泥为山东青岛山水水泥集团有限公司生产的山水东岳牌普通硅酸盐水泥(P·O42.5)，其化学成分以及矿物组成如表5.1所示。

表5.1 水泥的化学成分以及矿物组成

产地	化学组成(%)				
	SiO_2	CaO	MgO	Fe_2O_3	Al_2O_3
青岛山水	20.98	6.07	3.70	64.05	2.71
产地	矿物组成(%)				
	C_3S	C_2S	C_3A	C_4AF	SO_3
青岛山水	48.13	24.04	9.87	11.04	2.25

本试验所用的减水剂为高效减水剂FDN，即纯萘系减水剂。其中，减水剂的掺量为试验中所用水泥质量的0.9%。

本试验用水均为自来水，符合饮用水标准。

本试验所用的碳纳米管为山东大展纳米材料有限公司生产的多壁碳纳米管，相应的主要物理性能指标如表5.2所示。图5.7为山东大展纳米材料有限公司生产的多壁碳纳米管、双壁碳纳米管和单壁碳纳米管的电镜(SEM)显微结构图。图5.8为山东大展纳米材料有限公司生产的多壁碳纳米管在压力作用下的电阻率变化情况。

表5.2 多壁碳纳米管的主要物理性能指标

平均管径(nm)	平均长度(μm)	纯度(%)	比表面积(m^2/g)	堆积密度(g/cm^3)
10	12	>95	>230	0.05

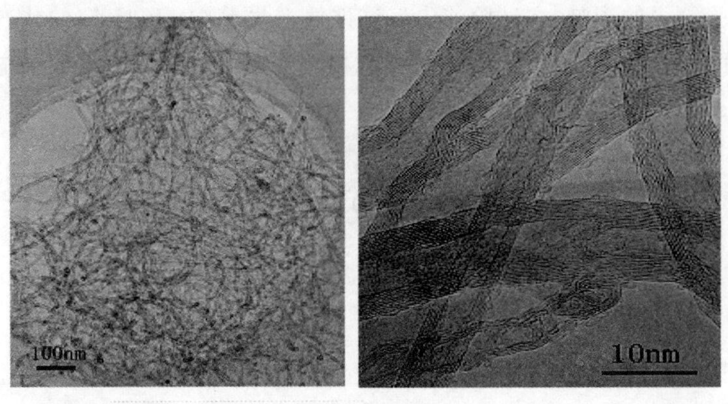

(a) 多壁碳纳米管

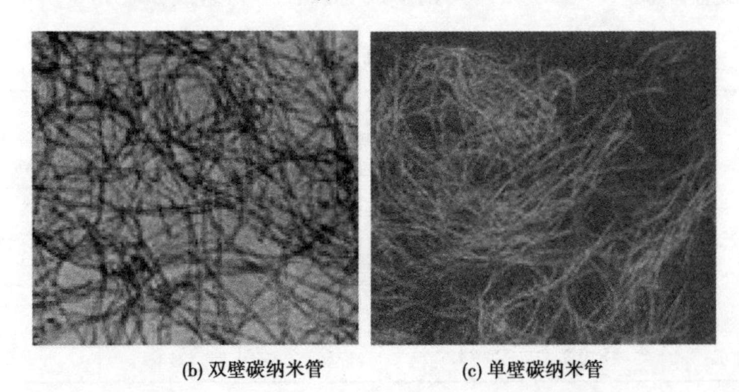

(b) 双壁碳纳米管　　(c) 单壁碳纳米管

图 5.7　碳纳米管的电镜(SEM)显微结构图

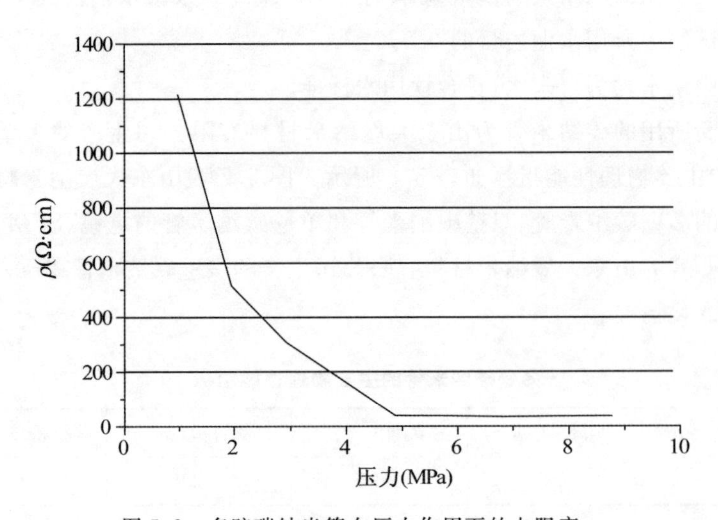

图 5.8　多壁碳纳米管在压力作用下的电阻率 ρ

5.3.2 试件制备及试验方法

5.3.2.1 试件制备

本试验的研究目的是利用碳纳米管水泥基复合材料的本征机敏等功能性能发展其成为一种新型传感器件，应用到混凝土结构“实时、长期、在位”健康监测当中，因此试件的尺寸不需要太大，做到试验和实际工程都好操作为主，于是本试验只做了 40 mm×40 mm×160 mm 和 20 mm×20 mm×60 mm 两种棱柱体，如图 5.9 所示，图中 A、B、C、D 为电极。

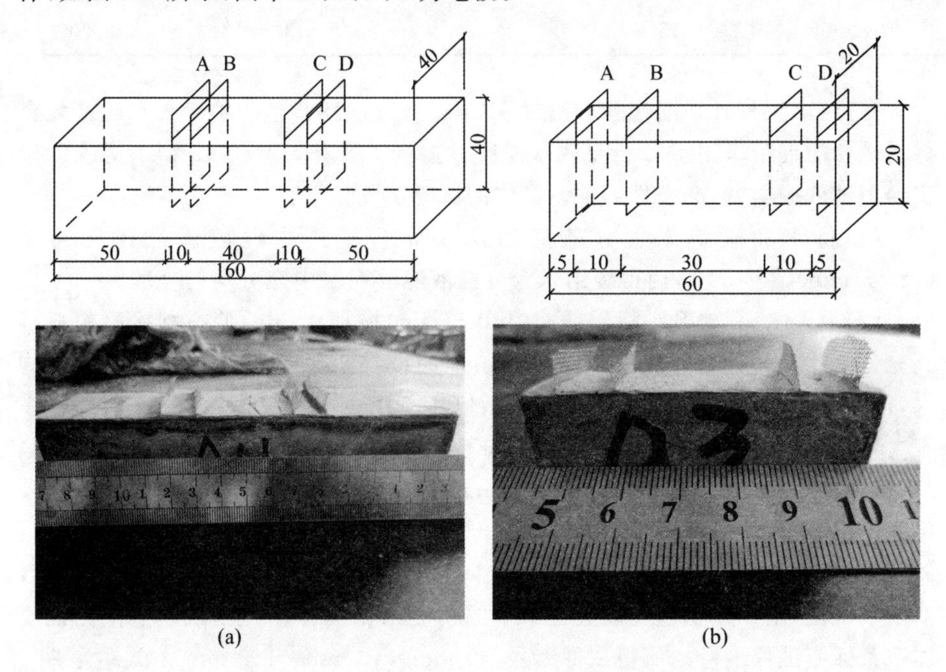

图 5.9 制备的两种试件示意图(mm)

本试验共采用六组不同多壁碳纳米管的掺量(相对于水泥的质量)，分别是0%、0.02%、0.05%、0.10%、0.20%、0.30%，减水剂的掺量为水泥质量的0.9%，碳纳米管分散液的浓度为5%，水灰比为0.35。每组在计算总用水量时需考虑碳纳米管分散液中的水分。相应两种尺寸各6组 MWNT/CC 试件编号、各组分的掺量及配合比如表 5.3 所示。所有试件均无粗、细骨料。

表 5.3　　碳纳米管水泥净浆配合比

编号	水泥(g)	MWNT(g)	减水剂(g)	水(g)
A0＋a0	1500	0	13.5	511.50
A1＋a1	1500	6	13.5	505.80
A2＋a2	1500	15	13.5	497.25
A3＋a3	1500	30	13.5	483.00
A4＋a4	1500	60	13.5	454.50
A5＋a5	1500	90	13.5	426.00

参照《水泥胶砂强度检验方法》(GB/T 17671—1999)，碳纳米管水泥基复合材料试件的成型采用 JJ-5 行星式水泥胶砂搅拌机搅拌，用 ZS-15 型水泥胶砂振实台把试件振实，标准条件养护。具体的试验步骤如下：

(1)将水和碳纳米管分散液加入 JJ-5 行星式水泥胶砂搅拌机高速(285 r/min)搅拌 60 s，使得碳纳米管分散液能够在水中充分均匀分散。

(2)加入水泥，先开动机器低速(140 r/min)搅拌 1 min，使搅拌机里的料得到充分搅拌，均匀混合；然后再缓慢均匀地向搅拌机里加入掺有高效减水剂的水，再高速(285 r/min)搅拌 3 min，最后停止搅拌。

(3)将事先刷过油的尺寸为 40 mm×40 mm×160 mm 及尺寸为 20 mm×20 mm×60 mm(20 mm×20 mm×60 mm 的试模用玻璃加工而成)的试模嵌入不锈钢网电极，将搅拌机里的水泥净浆倒出，立即装入试模进行成型。然后将其放到振实台上进行振捣，使其密实并减少搅拌物内的气泡。移走模套，从振实台上取下试模，用一金属直尺以近乎水平的角度将试件抹平。在试模上做标记或加字条标明试件编号。所得试件编号：40 mm×40 mm×160 mm 大试件为 A0、A1、A2、A3、A4、A5，20 mm×20 mm×60 mm 小试件为 a0、a1、a2、a3、a4、a5。其中 A0 和 a0 均为试验对比所用不掺 CNTs 的空白试件。

(4)湿布覆盖养护 24 h 后进行拆模，拆模后将做好标记的试件立即水平或竖直放在(20±1) ℃水中养护，水平放置时刮平面应朝上。试件放在不易腐烂的箅子上，并彼此间保持一定间距，以让水与试件的六个面接触。养护期间试件之间间隔或试体上表面的水深不得小于 5 mm。

5.3.2.2　试验方法

试验测试过程中所用到的仪器包括：DC 稳压电源(明伟牌 S-120-24 电源，输入：200～240 V，1.2 A，50/60 Hz；输出：＋24 V，5 A)；两块数字万用表(其中一块测试电阻，另一块测试电流)；压力机；XL2118C 力与应变综合参数测试仪；

BLR-1 型称重传感器(灵敏度 1 mV/V)。

用 DC 稳压电源作电路电源，采用四电极法按图 5.10 连接 MWNT/CC 试件，相应的电流和电压由两块万用表测得。然后按照式(5-3)和(5-4)分别求得试件相应的电阻率(ρ)和平均电场密度(E)。

$$\rho = UA/(IL) \tag{5-3}$$

$$E = U/L \tag{5-4}$$

式中，ρ 是 MWNT/CC 试件的体积电阻率；U，I 分别是电路中由两块万用表测得的电压(V)和电流(mA)；A，L 分别表示试件内侧一对电极与试件的接触面积和距离，此处 A，L 对于大试件是 4 cm×4 cm 和 4 cm，对于小试件是 2 cm×2 cm和 3 cm。

前面讲到由于水泥试件是不均匀的多相多孔性材料，而且在水泥水化过程中会产生大量离子(如 Ca^{2+}、OH^{-}、SO_4^{2-} 等)存在于孔隙中的微溶液中，当施加外电场时，尤其是直流(DC)电场，会表现为在恒定电压作用下，试件的电流随测试时间而持续减小的极化现象。为了消除这种极化现象对试验结果的影响，在试验前先将试件放在烘箱中，于 45 ℃的状态烘干至恒重，冷却至室温，然后按图 5.10 连接电路，通电 20 min 大致消除极化影响后再记录万用表的电压和电流数据。

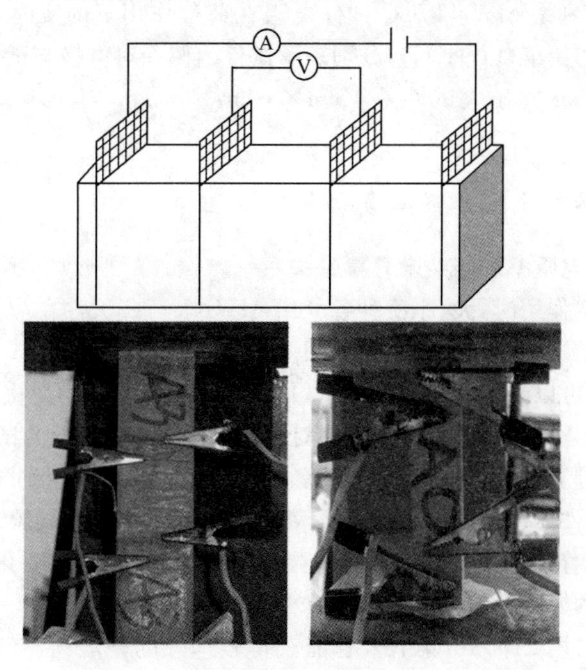

图 5.10　电流、电压、压力同步采集连接图

分别测试尺寸为 40 mm×40 mm×160 mm 试件在荷载为 0 kN、5 kN、10 kN、15 kN、20 kN、25 kN、30 kN 作用下的电流和电压，然后按照式(5-3)求得试件在不同荷载下的体积电阻率，每种配合比的试件体积电阻率是三个样品的平均值。分别测试尺寸为 20 mm×20 mm×60 mm 试件在荷载为 0 kN、1 kN、2 kN、3 kN、4 kN、5 kN、6 kN 作用下的电流和电压，然后按照(5-3)求得试件在不同荷载下的体积电阻率，每种配合比的试件体积电阻率是三个样品的平均值。当三个试件的电阻率值中的最大值或最小值其中的一个，与中间值的差值超过中间值的 15%时，则取中间值，把最大值与最小值一起舍去不要；当三个试件电阻率值中的最大值和最小值，与中间值的差值都超过中间值的 15%时，则该组试件的试验结果无效，应重做。

对于压阻性能，MWNT/CC 试件所受到的压应力通过压力传感器所显示的压力值和试件的受压面积相比得到。加载方向与 MWNT/CC 试件的电阻测试方向一致。之后通过式(5-5)计算获得相应各组 MWNT/CC 试件电阻率的相对变化率($\Delta\rho$)：

$$\Delta\rho=100\times\frac{R_V-R_V^0}{R_V^0}\cdot\frac{A}{L} \tag{5-5}$$

式中，R_V，R_V^0 分别是 MWNT/CC 试件电阻在荷载作用下的实时电阻测量值和未受荷载时的初始值(kΩ)；A，L 分别表示试件内侧一对电极与试件的接触面积和距离，此处 A，L 对于大试件是 4 cm×4 cm 和 4 cm，对于小试件是 2 cm×2 cm和 3 cm。

5.3.3 碳纳米管水泥基复合材料电阻率

5.3.3.1 电阻率和碳纳米管掺量关系

在没有荷载作用时，大、小两种各 6 组 MWNT/CC 试件在应力为 0 时的初始电阻率与碳纳米管掺量关系分别如图 5.11(a)(b)所示。

由图 5.11 可以看出：两种尺寸的试件电阻率具有相同的变化规律。碳纳米管体积掺量为 0%的空白试件的电阻率比掺入少量碳纳米管的试件大得多，随着碳纳米管掺量的增加，试件的电阻率持续减小，但是当碳纳米管掺量超过 0.10%之后，试件体积电阻率反而出现稍微增大的情况。从试验结果中可以得知，复合材料随着导电材料(碳纳米管)掺量的变化，其电阻率变化很大，导电性质发生了很大的变化。但是由于碳纳米管的分散性是其应用的一个瓶颈，当掺量较少时(不超过 0.10%)，碳纳米管能获得较理想的分散性，有利于电导网络的形成，但是由于掺量小不利于导电材料的物理搭接，其表现就是试件的电阻率随导电材料掺量的增加而减小；当掺量较多时(高于 0.10%)，虽然物理搭接增多，但是在添加过程中大部分碳纳米管出现缠绕团聚，在复合材料内部不能够均匀分散，造成试件的内部出现很多裂缝、气泡等原始缺陷，影响试件的成型质量，所以不但没有使试件的体积电阻率进一步减小，反而出现略微增大的现象。

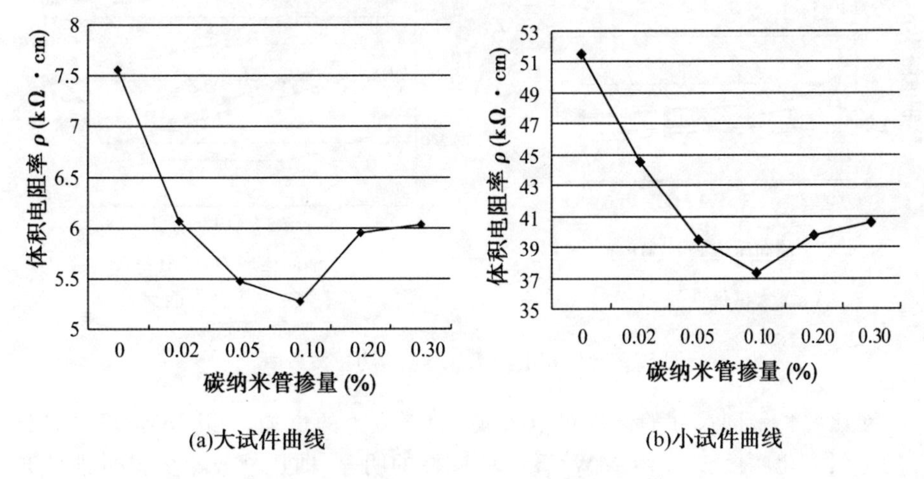

图 5.11 电阻率 ρ 与 MWNT 掺量关系图

本试验中我们对于两种尺寸试件分析之后，虽然其变化规律是一致的，但是可以看出小试件的电阻率变化幅度明显大于大试件，即小试件对碳纳米管的掺量对电阻率变化更为敏感，在实际工程中可以在允许的情况下尽可能选择尺寸稍小的传感器件。

5.3.3.2 体积电阻率与应力关系

在单调荷载作用时，大、小两种尺寸各 6 组 MWNT/CC 试件的体积电阻率随应力变化的关系分别如图 5.12(a)(b)所示。

从图 5.12 可以看出：空白试件的体积电阻率即使在应力状态下也是高于掺入少量碳纳米管的试件，而且空白试件的体积电阻率随应力的增加虽有减小的趋势，但是变化非常小，几乎没有什么变化。这就说明没有掺加电导材料的水泥基电阻率不能反映其自身的受力或应力状态；而掺有少量碳纳米管的复合材料随着应力的增加均出现不同程度的降低，都表现出较好的压阻性能；随着应力的持续增加，电阻率的下降趋势有所减缓，这主要是与在较大的压应力作用下，试件的内部裂缝的开展有关系，这些裂缝的开展在一定程度上降低了试件的电阻性能，但是试件的整体电阻率还是呈减小的趋势。

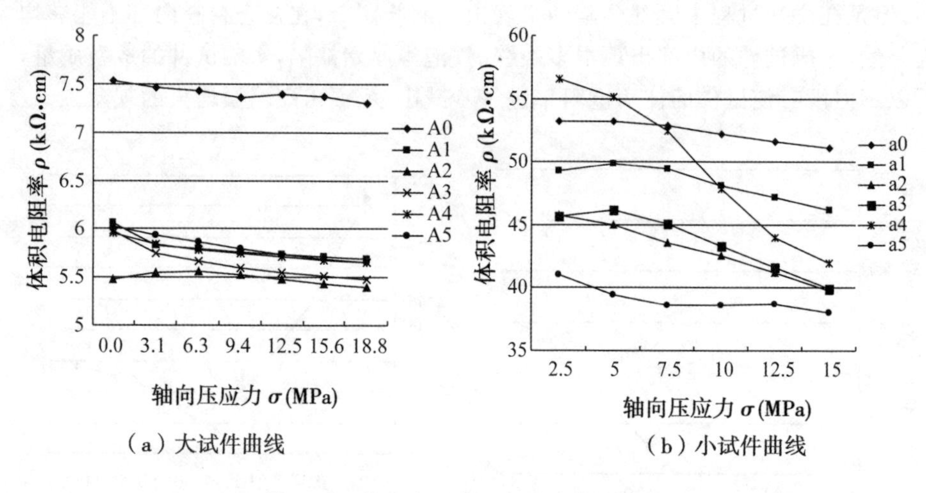

（a）大试件曲线

（b）小试件曲线

图 5.12 体积电阻率 ρ 与压应力 σ 关系图

对比两种不同尺寸的试件可以发现：随着应力的增加，a 组 MWNT/CC 试件的电阻变化幅度较 A 组 MWNT/CC 试件的明显，即尺寸较小的试件所表现出来的压阻性能更优。

5.3.3.3 电阻率相对变化率与应力关系

在单调荷载作用下，电阻率相对变化量与试件内部应力的对应情况往往比单纯的电阻率与应力对应情况要好很多，这主要是由于每个试件在制作过程中具有很大的差异性和离散性，这种差异造成的结果就是：即使在配合比一样的条件下，最后所得到的电阻率的数值也可能差异很大，所以单纯用电阻率数值推断结构内部应力很不合理，但是电阻率相对变化率就能够在一定程度上减少这种差异所带来的结果不准确，用相对变化率推得的结构内部应力还是相对准确的。

图 5.13 为试件在单调荷载作用下对应的电阻率相对变化率 $\Delta\rho$ 随压应力 σ 变化关系图。

从图 5.13 可知个别的传感器电阻率变化杂乱，但是基本的情况是掺入少量碳纳米管的复合材料其电阻率都是随应力的增加而降低，变化基本稳定，能够表现出良好的压阻特性，对于 A 组 MWNT/CC 试件所加的应力比较大，到了后期可以看出，电阻的变化较开始加载时有所减缓，这主要是由于在应力增大的过程中，特别是加载后期，试件内部大量微裂缝的开展阻断了碳纳米管之间的搭接，造成电阻率的减小有所减缓。

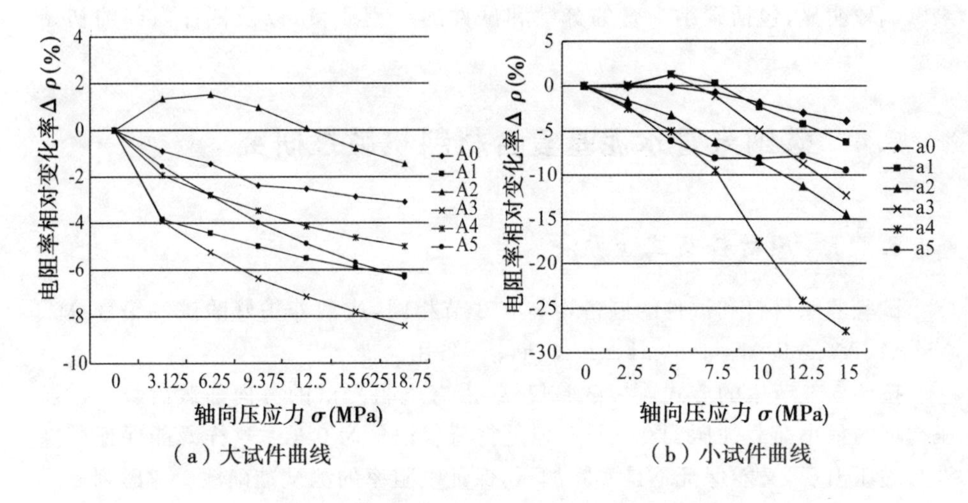

图 5.13 电阻率相对变化率 $\Delta\rho$ 与压应力 σ 关系图

由图 5.13 中还可以看出，对于 A 组 MWNT/CC 试件而言，其电阻率相对变化率 $\Delta\rho$ 的最大改变幅度是从－3%到将近－9%左右不等，a 组 MWNT/CC 试件的电阻率相对变化率 $\Delta\rho$ 的最大改变幅度是从－4%到将近－27%左右不等。但这主要是由于碳纳米管掺量的不同造成试件传感器的导电机理不同而造成的。碳纳米管的分散性一直是一个难题，所以在试件的制备过程中，碳纳米管在试件中的分散状态各不相同，导致各试件的导电机理往往有几种复杂机理同时作用。而 a 组 MWNT/CC 试件的变化幅度大主要是由尺寸效应造成的，它们的电极间距小，对于内部微结构的变化较敏感，所以在荷载不断增大的过程中，a 组试件的电阻率往往表现的变化幅度较大。

从 A 组 MWNT/CC 试件电阻率相对变化量可以看出，在碳纳米管掺量为 0.10%、0.20%和 0.30%的时候，试件均表现出良好的压阻性能，而且试件在加载后期虽然变化率稍见平缓，但是并没有减小，这就保证了电阻率相对变化率 $\Delta\rho$ 能够为我们推断结构内部应力的基本情况作保证。对于 a 组 MWNT/CC 试件，当碳纳米管掺量为 0.05%、0.10%和 0.20%的时候，试件表现出良好的压阻性能，由于 a 组 MWNT/CC 试件尺寸比较小，在高的应力状态下可能出现破坏，所以在加载过程中所加的荷载不是很大，因此在 a 组 MWNT/CC 试件 $\Delta\rho$-σ 曲线中没有出现 A 组试件那种应力增加到一定程度后曲线变平缓的状态。

对比大、小两种尺寸试件，可以明显感觉到 a 组 MWNT/CC 试件的 $\Delta\rho$-σ 曲线变化幅度比较明显，能够更好地反映结构内部的应力状态，虽然曲线没有 A 组 MWNT/CC 试件的稳定，但这主要是因为小尺寸试件的内部结构对试验结果影响较明显，包括碳纳米管的分散和试件的成型质量，以及试件内部的初始裂缝。

5.4 碳纳米管水泥基复合材料机敏性研究

5.4.1 原材料及试验方法

试验的原材料和试件的制备均与5.3节相同，成型养护好的试件编号A0、A1、A2、A3、A4、A5与a0、a1、a2、a3、a4、a5备用。

按照5.3节中的方式连接试验仪器，沿着电阻测试的方向加载荷载。在加压初期的最小荷载加压到0.2 kN，但是将荷载记录为0 kN，这样既能保证试件没有虚压出现，又能保证不是实际加压，保证电阻率的测试准确性。考虑到a组试件的尺寸小及容易损坏，所以a组试件的循环次数定在3次，而A组试件的循环次数定为5次。将A组试件传感器的荷载由0 kN按5 kN一个等级加载到30 kN，然后再由30 kN按每5 kN一个等级卸载到0 kN，如此循环5个循环，分别记录0 kN、5 kN、10 kN、15 kN、20 kN、25 kN、30 kN作用下传感器的电流和电压。a组试件传感器的荷载由0 kN按1 kN一个等级加载到6 kN，再由6kN按每1 kN一个等级卸载，如此循环3个循环，记录试件在0 kN、1 kN、2 kN、3 kN、4 kN、5 kN和6 kN作用下的电流和电压。然后由公式(5-3)分别得到大、小两种尺寸试件的电阻率和循环荷载的曲线对应关系。

5.4.2 碳纳米管水泥基复合材料机敏性能

实际的工程结构很少是只受单调荷载的作用，几乎所有结构在服役期间都会受到风荷载、雪荷载、车辆行人荷载等荷载的不定时的循环作用，因而对于将碳纳米管复合材料作为传感器用于结构的健康监测，就要求传感器能够适应结构所受到的荷载特性，特别是在结构弹性受力阶段内循环荷载作用下的应力和应变的感知能力，因此对碳纳米管复合材料在循环荷载作用下的电阻率随应力变化情况进行测试研究。在本试验中，研究掺入少量碳纳米管的复合材料和一组不掺碳纳米管的空白试件在循环荷载作用下的机敏性能。

图5.14为碳纳米管掺量分别为0%、0.02%、0.05%、0.10%、0.20%、0.30%的A组MWNT/CC试件在最大荷载为30 kN，循环次数为5的荷载作用下的电阻率ρ和轴向应力σ的关系图。

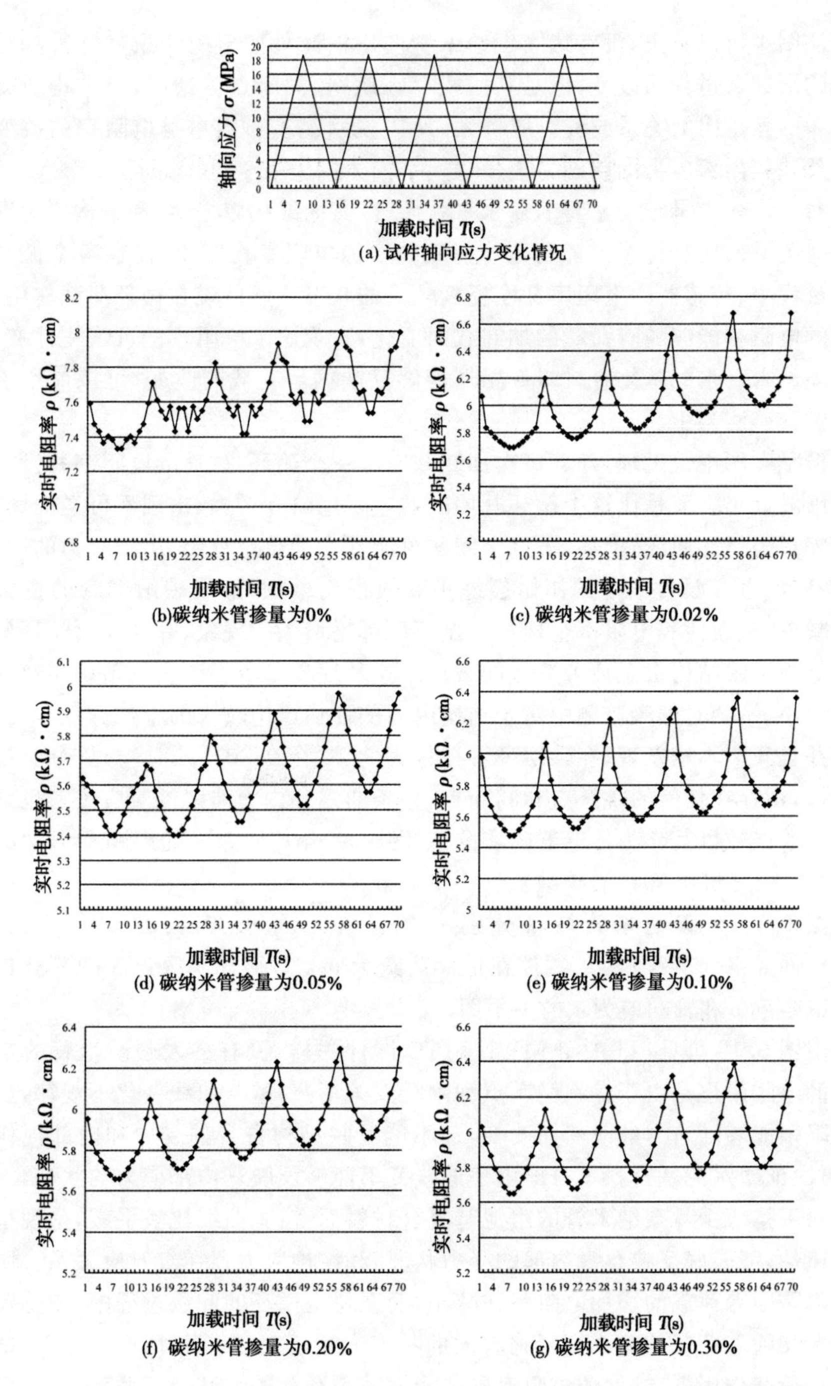

(a) 试件轴向应力变化情况

(b)碳纳米管掺量为0%

(c) 碳纳米管掺量为0.02%

(d) 碳纳米管掺量为0.05%

(e) 碳纳米管掺量为0.10%

(f) 碳纳米管掺量为0.20%

(g) 碳纳米管掺量为0.30%

图 5.14　A 组 MWNT/CC 试件在循环荷载作用下 ρ,σ 随 T 变化图

从图中可以看出,没有掺入碳纳米管的空白试件的电阻率虽然能够随循环荷载的加卸载过程而改变,但是其曲线存在跳跃、间断点等情况,与结构所受的应力 σ 不存在比例关系或者对应关系,所以说水泥基材料本身电阻率的改变不能够反映其内部应力的状态。

对于掺入少量碳纳米管的复合材料而言,其曲线比较平缓,和结构应力存在着对应关系。所有传感器都是随着荷载的增加电阻率在减小,而在每个循环的卸载过程中,传感器的电阻率又恢复到较大的状态。所以说在循环荷载作用下,试件的电阻率能够随着荷载的加卸载而变化,表现出了电阻率的可恢复性变化。表明碳纳米管水泥基复合材料传感器能够反映循环荷载的改变,可以应用于结构的健康监测当中。

但是在图中也发现,随着每次加卸载完成一个循环,试件的电阻率并没有回到原来的大小。而是比这个循环开始时的电阻率略有增大,出现不可逆的增大,图中表现为循环曲线"上移"。这个问题可能是在加载过程中,由于应力的增大,使 MWNT/CC 试件内部的初始裂缝扩展或损伤增加,造成碳纳米管的搭接数目的减少,从而使其电阻率呈现每个循环后都略增大的现象,并且"上移"现象能够很好地反映结构由于疲劳造成的破坏。这种现象基本不改变电阻率相对变化率的大小,不会对健康监测中对于结构内力的评估产生较大的干扰。

并且我们不难发现,在碳纳米管掺量为 0.20%、0.30%的时候,整个曲线形态最好,不存在任何的跳跃点和间断点,整条曲线和内力曲线的对应关系也是最好的。所以在以其作为传感器的实际工程中,综合其他方面的影响和力学的增强,以 0.20%和 0.30%的碳纳米管掺量为最佳。

图 5.15 为碳纳米管掺量分别为 0%、0.02%、0.05%、0.10%、0.20%、0.30%的 a 组 MWNT/CC 试件在最大荷载为 6 kN,循环次数为 3 的荷载作用下的电阻率 ρ 和轴向应力 σ 的关系图。

由图 5.15 可见,和 A 组 MWNT/CC 试件一样,没有掺入碳纳米管的空白试件的电阻率也是由于存在间断点和跳跃点等情况,整条曲线变化不规律,虽然其电阻率能够随应力的改变而改变,却不能反映结构自身的受力和内部损伤状况,再次证明水泥基材料本身电阻率的改变不能够反映其内部应力的状态。

对于掺入少量碳纳米管的水泥基复合材料而言,其曲线比较平缓,呈现很好的规律性,能较好反映自身内部的受力状况,和结构应力存在着对应关系。所有试件都是随着荷载的增加电阻率在减小,而在每个循环的卸载过程中,传感器的电阻率又随着荷载的减小恢复到较大的状态。所以对于 a 组 MWNT/CC 试件在循环荷载作用下,试件的电阻率同样能够随着荷载的加卸载而循环变化,表现出了电阻率的可逆性和可重复性变化。

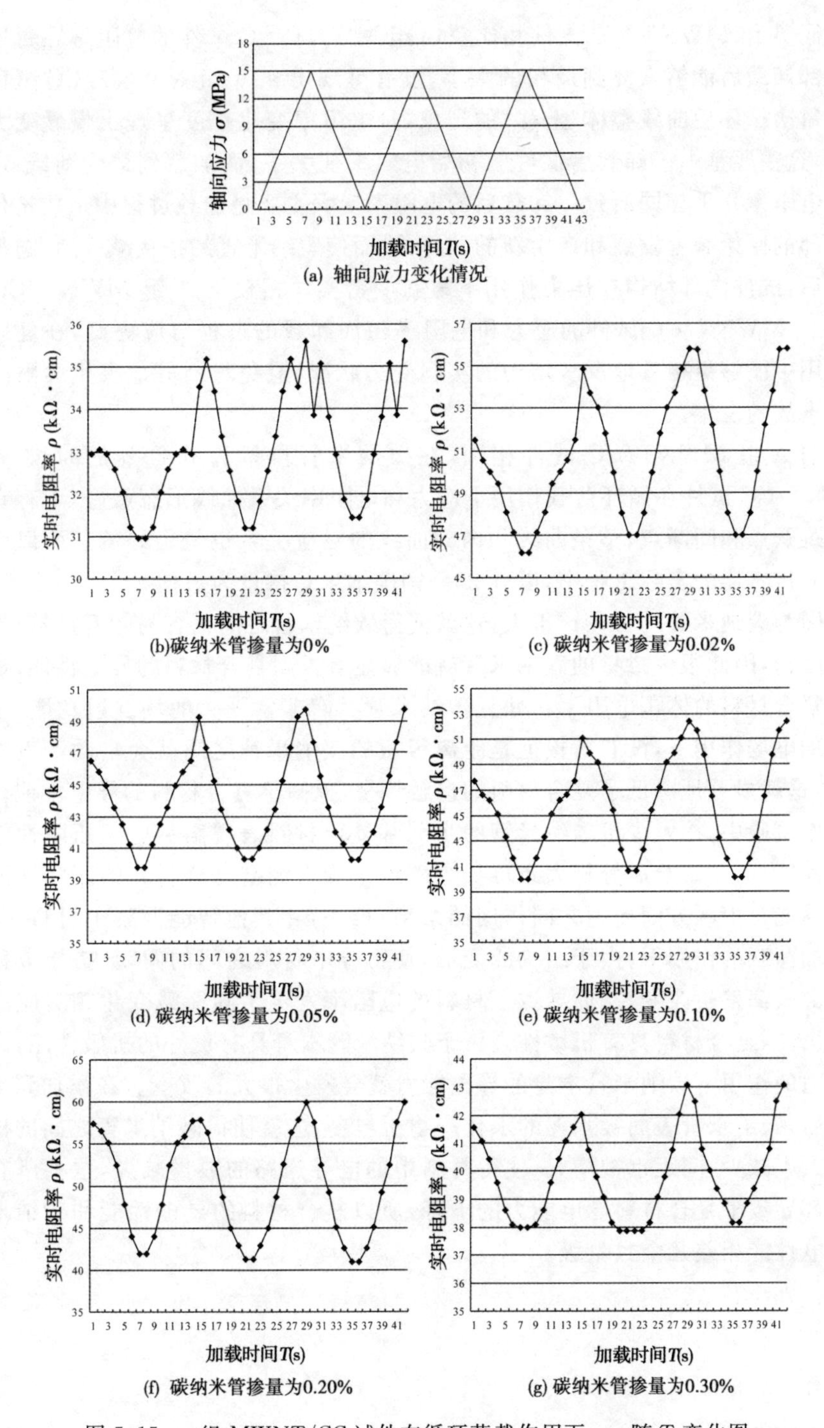

图 5.15　a 组 MWNT/CC 试件在循环荷载作用下 ρ,σ 随 T 变化图

同A组MWNT/CC试件相比较，a组MWNT/CC试件的电阻率在每次荷载全部卸载后能够恢复到最初的大小，没有呈现出和A组MWNT/CC试件一样的每次循环后曲线整体“上移”的现象，且电阻率变化幅度呈现出慢慢变大的现象，这主要是由于卸载后试件的初始电阻率变大了，而加载到最大荷载6 kN后的电阻率几乎相同所致。卸载后的电阻率变大主要是加载过程中造成试件内部局部的原始裂缝发展和产生新的破坏，进而使碳纳米管的搭接减少所致，但在加载后，试件内部结构在压力作用下重新变密实。相较于A组MWNT/CC试件，a组MWNT/CC试件的应力和电阻率随加卸载的过程对应更好，在健康监测应用中能够更接近地反映结构的实际受力状况，避免脆断等危害生命财产安全的事故的发生。

与A组MWNT/CC试件相同，在碳纳米管掺量为0.20%的时候，a组MWNT/CC试件在循环荷载作用下应力和电阻率关系曲线形态最好，不存在任何的跳跃点和间断点，整条曲线和内力曲线的对应关系也是最好的。所以在以其作为传感器的实际工程中，以0.20%的碳纳米管掺量为最佳。

因为碳纳米管的长径比很大，这就使得碳纳米管之间很容易相互搭接，形成网络结构，因此很少掺量的碳纳米管就能够显著提高复合材料的导电性能，显著降低复合材料的体积电阻率。并且碳纳米管具有非常强大的场发射功能，于是在外加电场作用下，没有搭接但是距离很短的碳纳米管之间就会自动产生电子跃迁，这就显著地降低了复合材料的接触势垒，提高了复合材料的导电性能。

本试验中，掺入少量碳纳米管的水泥基复合材料表现出良好的压阻性能和机敏性能，而在试验后分析大致可认为碳纳米管水泥基复合材料的压阻性能和机敏性能是由两方面原因共同作用的结果：第一，和其他智能混凝土材料一样，在外加荷载的作用下，由于结构的变形，使得导电材料之间的间距、搭接数量和搭接方式都发生改变，从而导致了材料的电阻率发生了随荷载变化相对应的改变。第二，复合材料具有机敏性是由于碳纳米管本身具有良好的机敏性能，在受到外力的作用下碳纳米管本身的导电能力就会发生很大的改变。在添加到水泥基中后，碳纳米管表面被水泥的水化产物所包裹，这就使得碳纳米管之间的搭接数量大大减少，间距也被增大，使得材料中的电导通路的数量减少，这些所有的变化都导致了复合材料导电能力的下降，所以复合材料的导电性能和碳纳米管的导电性能相差几个数量级。

5.5 本章小结

本章利用DC伏安法研究了大、小两种尺寸试件的碳纳米管掺量对电阻率的影响，在单调荷载作用下复合材料的压阻性能和在循环荷载作用下复合材料的机敏性，得到以下主要结论：

(1)碳纳米管体积掺量为0%的空白试件的电阻率比掺入少量碳纳米管的试件大得多，随着碳纳米管掺量的增加，试件的电阻率持续减小，但是当碳纳米管掺量超过0.10%之后，试件体积电阻率反而出现稍微增大的情况。从试验结果中可以得知，复合材料随着导电材料(碳纳米管)掺量的变化，其电阻率变化很大，导电性质发生了很大的变化。

对于大、小两种尺寸试件，碳纳米管掺量与电阻率变化规律是一致的，但是可以看出，小试件的电阻率变化幅度明显大于大试件，即小试件对碳纳米管的掺量对电阻率变化更敏感。

(2)没有掺入碳纳米管的空白试件，在单调荷载作用下虽然电阻率也有不同程度的减小，但是变化幅度很小，不能反映结构自身的受力状况。而掺入少量碳纳米管的水泥基复合材料，电阻率随应力的增加持续减小，显现出良好的压阻性能。

随着应力的增加，a组MWNT/CC试件的电阻变化幅度较A组MWNT/CC试件的明显，也就是说a组MWNT/CC试件的电阻率对于应力更为敏感，能够更好地反映结构内部的受力状况和破坏状况，能够更加完美地实现“实时、长期、在位”的监测。

(3)对于A组MWNT/CC试件而言，其电阻率相对变化率$\Delta\rho$的最大改变幅度是从−3%到−9%左右不等，a组试件的电阻率相对变化率$\Delta\rho$的最大改变幅度是从−4%到−27%左右不等。但这主要是由于碳纳米管掺量的不同造成试件传感器的导电机理不同而造成的。

对于A组MWNT/CC试件，在碳纳米管掺量为0.10%、0.20%和0.30%的时候，试件均表现出良好的压阻性能，而且试件在加载后期虽然变化率稍见平缓，但是并没有减小，这就保证了电阻率相对变化率$\Delta\rho$能够为我们推断结构内部应力的基本情况作保证。对于a组MWNT/CC试件，当碳纳米管掺量为0.05%、0.10%和0.20%的时候，试件表现出良好的压阻性能，由于试件传感器所加荷载不是很大，因此a组试件的$\Delta\rho$-σ曲线没有出现A组MWNT/CC试件那种应力增加到一定程度后曲线变平缓的状态。

对比大、小两种尺寸试件可知，a组MWNT/CC试件的$\Delta\rho$-σ曲线变化幅度比较明显，能够更好地反映结构内部的应力状态，虽然曲线没有A组试件的稳定，但这主要是因为小尺寸试件的内部结构对试验结果影响较明显，包括碳纳米管的分散和试件的成型质量，以及试件内部的初始裂缝。

(4)对于掺入少量碳纳米管的A组试件，随着荷载的增加电阻率在减小，而在每个循环的卸载过程中，传感器的电阻率又恢复到较大的状态。即在循环荷载作用下，试件的电阻率能够随着荷载的加卸载而变化，表现出了电阻率的可恢复性与可重复性。每次加卸载完成一个循环，传感器的电阻率都略微增大，而不是恢复到与原来一样的大小，图中表现为循环曲线“上移”。在碳纳米管掺量为0.20%、0.30%的时候，整个曲线形态最好，不存在任何的跳跃点和间断点，整条曲线和内力曲线的对应关系也是最好的。所以在以其作为传感器件的实际工程中，综合其他方面的影响和力学的增强，以0.20%的碳纳米管掺量为最佳。

对于a组MWNT/CC试件，所有传感器都是随着荷载的增加电阻率在减小，而在每个循环的卸载过程中，传感器的电阻率又恢复到较大的状态。所以对于a组MWNT/CC试件，在循环荷载作用下，试件的电阻率同样能够随着荷载的加卸载而变化，表现出了电阻率的可重复性和可逆性。同A组MWNT/CC试件相比较，a组MWNT/CC试件的电阻率在每次荷载全部卸载后能够恢复到最初的大小，没有呈现出和A组试件一样的每次循环后曲线整体“上移”的现象，且电阻率变化幅度呈现出慢慢变大的现象。相比于A组MWNT/CC试件，a组MWNT/CC试件同样在碳纳米管掺量为0.20%的时候，在循环荷载作用下应力和电阻率关系曲线形态最好。

综上所述，在实际工程应用中，碳纳米管掺量为0.20%时复合材料的压阻性能和机敏性能较好。

第 6 章 基于碳纳米管水泥基复合材料传感器的工程结构监测应用

结构的健康监测（Structural Health Monitoring，SHM）指的是利用现场的无损传感技术，通过包括结构响应在内的结构系统特性分析，达到检测结构损伤或退化的目的。结构的健康监测是一种非常可靠的来提高结构的安全性和功能性的方法，但是由于健康监测的时间长、成本高，在工程结构中一般只应用于超高层建筑、大跨度桥梁或者隧道等大型工程，很少应用于中小型的工程结构中。但是中小型的工程结构往往关系到群众的生命财产安全。近几年的健康监测发展方向主要是新型智能传感器的开发利用，如光纤传感器、记忆合金传感器等。但是从结构的施工、使用直到几十年后的服役后期，在整个结构的设计基准期内，传感器件能否适应长时间的健康监测？

前述章节我们研究的碳纳米管传感器就具有“实时、长期、在位”的特性。而且不是通过传感器去监测工程结构所处的状态，而是要结构自身反映它所处的状态是否能继续对结构进行健康监测，因为碳纳米管传感器就嵌固在工程结构内部，是结构的一部分，而不是结构的外在附属监测装置。同时，碳纳米管具有良好的化学稳定性和热稳定性，不会随时间的推移而退出监测服务，另一方面，其良好的力学性能、电学性能又能满足我们对于结构自身传感器的要求。

碳纳米管水泥基复合材料在单调荷载作用下具有良好的压阻性能，在循环荷载作用下又具有良好的机敏性能，具备作为在位传感器的基本性能，但是将其嵌固在结构中的情况能否理想呢？本章尝试将这些具有机敏性的 a 组 MWNT/CC 试件嵌固到简单的梁和柱中并作为“在位、局部”传感器件，研究其在实际结构工程中的应用。

6.1 试件制备和试验方法

6.1.1 试件制备

本试验是将 MWNT/CC 复合材料作为传感器件嵌固在梁和柱中。在第 5 章测试了两种尺寸的试件，由于小尺寸试件的机敏性和压阻性能更明显，所以选取 20 mm×20 mm×60 mm 的小试件嵌固在结构中。由于不掺碳纳米管的空白试件不具有机敏性，电阻率变化不能反映自身的受力状况和破坏状况，在本试验中并未将其嵌入结构中，将 a2 和 a4 嵌固在梁中，将 a1、a3 和 a5 嵌固在柱中。试验选取的梁为尺寸是 100 mm×100 mm×400 mm 的试件，将 a 组 MWNT/CC 试件放置在梁的顶面，在梁受到垂直于梁中轴线的荷载时内置传感器试件受到压力。柱是尺寸为 150 mm×150 mm×300 mm 的试件，将 a 组 MWNT/CC 试件嵌固在柱子的轴心处，保证 a 组 MWNT/CC 试件的轴心尽量和柱的轴心重合，这样能够保证柱在受到平行于轴心的荷载时内置传感器试件也受到轴向应力作用。

试验中选用的石子和砂子符合标准，水泥和上边制作小试件的水泥和减水剂相同，水为自来水。水灰比选取为 0.4，减水剂的掺量为水泥质量的 0.9%。梁和柱的配合比如表 6.1 所示。

表 6.1　梁和柱的配合比

项目	水(kg)	水泥(kg)	砂子(kg)	石子(kg)	减水剂(g)
梁	4.53	11.33	14.15	33.00	40.10
柱	10.00	25.48	31.83	74.25	91.80

嵌固在梁中的传感器电极暴露在结构外面，所以不作处理。而嵌固于柱中的传感器埋置在柱子的轴心，所以事先将传感器的 4 个电极连接导线并固定，保证接触良好，在试件制作时将 4 根导线引出试件外面，并标记内对电极和外对电极所对应的导线。

试件制作过程如下：

(1)事先处理传感器，将 a1、a3 和 a5 连接导线并标记。

(2)按照国家标准搅拌混凝土，倒入模具中成型，放到振实台上振捣，振捣完成后在梁的上表面开口，将 a2 和 a4 嵌固于上面，并保证密实；柱振捣完成后用钢尺开口直到柱的轴心位置，将连接导线的 a1、a3 和 a5 放置好后，覆盖混凝土，再次振捣，保证密实。

(3)湿布覆盖养护 24 h 后拆模，拆模后将试件做好标记并放置于(20±1) ℃水中养护 28 d。

6.1.2 试验方法

试验测试过程中所用到的仪器包括：DC 稳压电源(明伟牌 S-120-24 电源，输入：200～240 V，1.2 A，50/60 Hz；输出：+24 V，5 A)；两块数字万用表(其中一块测试电阻，另一块测试电流)；压力机；XL2118C 力与应变综合参数测试仪；BLR-1 型称重传感器(灵敏度 1 mV/V)。

用 DC 稳压电源作电路电源，采用四电极法连接 MWNT/CC 试件，相应的电流和电压由两块万用表测得。对于柱，应力由轴力和截面面积相除得到；对于梁，按照荷载作用下梁顶面的最大正应力来计算。然后按照式(6-1)(6-2)分别求得试件相应的电阻率(ρ)和平均电场密度(E)：

$$\rho=UA/(IL) \tag{6-1}$$

$$E=U/L \tag{6-2}$$

式中，ρ 是 MWNT/CC 试件的体积电阻率；U，I 分别是电路中由两块万用表测得的电压(V)和电流(mA)；A，L 分别表示试件内侧一对电极与试件的接触面积和距离，这里 A，L 分别是 2 cm×2 cm 和 3 cm。

按公式(6-3)计算电阻率相对变化率：

$$\Delta\rho=100\times\frac{R_V-R_V^0}{R_V^0}\cdot\frac{A}{L} \tag{6-3}$$

式中，R_V，R_V^0 分别是 MWNT/CC 试件电阻在荷载作用下的实时电阻测量值和未受荷载时的初始值(kΩ)；A，L 分别表示试件内侧一对电极与试件的接触面积和距离，这里 A，L 分别是 2 cm×2 cm 和 3 cm。

对于柱，应力 $\sigma_{柱}$ 由轴力和截面面积相除得到，由公式(6-4)计算所得；对于梁，$\sigma_{梁}$ 按照荷载作用下梁顶面的最大正应力来计算，由公式(6-5)计算所得。

$$\sigma_{柱}=\frac{F_{柱}}{S_{柱}} \tag{6-4}$$

$$\sigma_{梁}=\frac{M_{梁}\cdot h}{I_Z\cdot 2} \tag{6-5}$$

式中，$F_{柱}$ 为作用在柱轴心的轴向压力大小；$S_{柱}$ 为柱子的截面面积，此处为 150 mm×150 mm；$M_{梁}$ 为梁跨中的弯矩，由加载在梁上的荷载确定；I_Z 为梁的惯性矩；h 为梁的截面高度，此处为 400 mm。

具体测试方案：柱子沿着电阻测试方向进行轴力加压控制，在加压初期的最小荷载为 5 kN,但是将荷载记录为 0 kN,这样既能保证试件没有虚压出现,又能保证不是实际加压,保证电阻率的测试准确性。试件荷载由 0 kN 按每 100 kN一个等级加载到 500 kN,再由 500 kN 按每 100 kN 一个等级卸载,如此循环四个循环,记录试件在 0 kN(实际操作中取 10 kN)、100 kN、200 kN、300 kN、400 kN、500 kN 作用下的电流和电压。然后由公式分别得到传感器电阻率和循环荷载的曲线对应关系。对于梁采用四点弯曲试验,由于梁是素混凝土梁,所以混凝土的抗拉强度决定了梁顶端正应力的最大值不会太大,所以加在梁顶端的集中荷载不会很大,在加压初期的最小荷载加压到 0.2 kN,但是将荷载记录为 0,保证电阻率的测试准确性。试件荷载由 0 kN 按每 1 kN 一个等级加载到 6 kN,再由 6 kN 按每 1 kN 一个等级卸载,如此循环三个循环,记录试件在 0 kN(实际操作中取 0.2 kN)、1 kN、2 kN、3 kN、4 kN、5 kN 和 6 kN 作用下的电流和电压。然后由公式分别得到大小传感器电阻率和循环荷载的曲线对应关系。

柱中传感器电流、电压、压力同步采集连接如图 6.1 所示。梁中传感器电流、电压、压力同步采集连接如图 6.2 所示。

图 6.1 柱中传感器电流、电压、压力同步采集连接图

图 6.2 梁中传感器电流、电压、压力同步采集连接图

6.2 传感器在柱构件健康监测中的应用

在工程结构中,特别是在一些重大灾害中严重破坏的建筑结构中,大多数的破坏往往是由柱子开始的,柱子的受力状况决定了整个结构能否保持整体性。柱构件的安全是保证建筑物大震不倒的基础。所以了解柱子中的受力状况对于整个结构的健康监测是第一步也是最重要的一步。

6.2.1 电阻率ρ与应力σ关系

图6.3为a1、a3与a5嵌固在柱中，柱子在压力作用下，传感器的电阻率ρ和柱子所受应力σ的对应关系图。

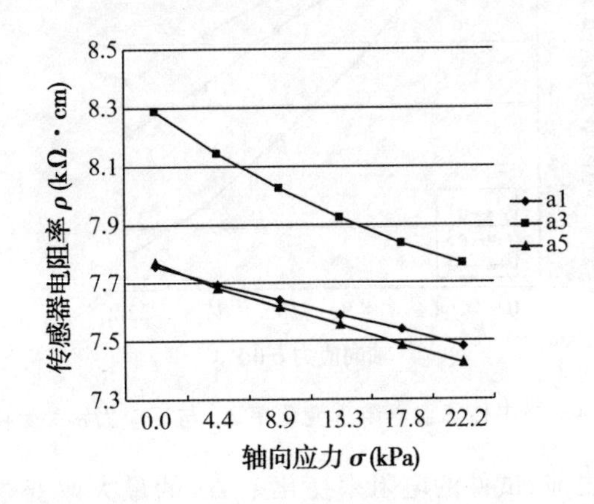

图6.3 柱中传感器体积电阻率ρ与压应力σ关系图

从图中可以看到将a1、a3和a5嵌固于柱子中，在柱子受到轴向力的时候，传感器能够表现出良好的压阻性，也就是说嵌固于结构内部的传感器能够通过本身电阻率来反映结构内部的应力状态。但是在试验过程中由于传感器嵌固于柱子时没有进行密封，导致在外加电压时，在传感器和柱子接触的地方，一部分混凝土也参与了导电，所以传感器的电阻率由第5章的40 kΩ·cm左右，改变成现在的7～8 kΩ·cm，电阻率大大减小。这并没有改变传感器的压阻性能，虽然通过电阻不能直接得到柱子内部的应力值，但是可以根据电阻率的相对变化率来评估柱子的应力状态。

在图中还发现，$\rho\sigma$曲线明显好于传感器单独测试时的状况，这是由于将传感器嵌固于柱子后，传感器被包围在结构之中，这样试件的受力状况更加均匀，同时传感器周边的混凝土阻止了传感器横向的膨胀，阻止了其内部裂缝的开展，使得曲线更加平滑。

6.2.2 电阻率变化率$\Delta\rho$与应力σ关系

图6.4为a1、a3与a5在柱子受到轴向力作用时传感器电阻率变化率$\Delta\rho$与压应力σ关系图。

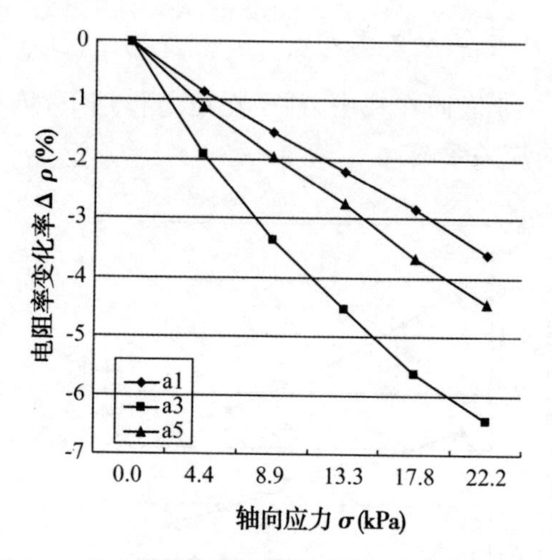

图 6.4　柱中传感器电阻率变化率 $\Delta\rho$ 与压应力 σ 关系图

在嵌固于结构之前，试件的电阻率变化率 $\Delta\rho$ 的最大改变幅度是从－4％到－27％不等，而嵌固于柱子之后电阻率变化率 $\Delta\rho$ 的最大改变幅度是从－3.5％到－6.5％左右，相对而言，变化幅度也是很大，不能够单纯地由电阻率相对变化幅度来判断结构内部的受力状况，这也主要是传感器嵌固之前没有进行密封的原因。但是当体积电阻率相对变化率占到最大变化幅度相同百分比的时候，我们推算出的结构轴力是差不多的，比如 a5，嵌固前电阻率最大变化幅度为－10％左右，嵌固后的最大变化幅度在－4.6％左右，但是当变化幅度都达到这个最大变化幅度 50％的时候，即嵌固前电阻变化率为－5％和嵌固后电阻变化率为－2.3％时，所对应的柱应力都是 10 MPa 左右。也就是说，虽然试验时没有对试件进行密封，但是还是有参考性，具有可利用性，能够为结构健康监测服务。

对比 a1、a3 和 a5 发现，碳纳米管掺量较大的 a5 和较小的 a1 的电阻率相对变化率都不如 a3 的幅度大，这主要是由于掺量太少了，试件本身的导电性能不优，但是掺量太大了，存在碳纳米管的分散性问题，同时，碳纳米管之间的接触电阻会随着应力的增加出现减小的现象，因此相应的应力、应变感知能力反而不好。

6.2.3　传感器机敏性能应用研究

图 6.5 为传感器嵌固于结构后，在循环荷载的作用下传感器的电阻率四次循环结果，(b)(c)(d)分别是传感器 a1、a3 和 a5 的循环结果。

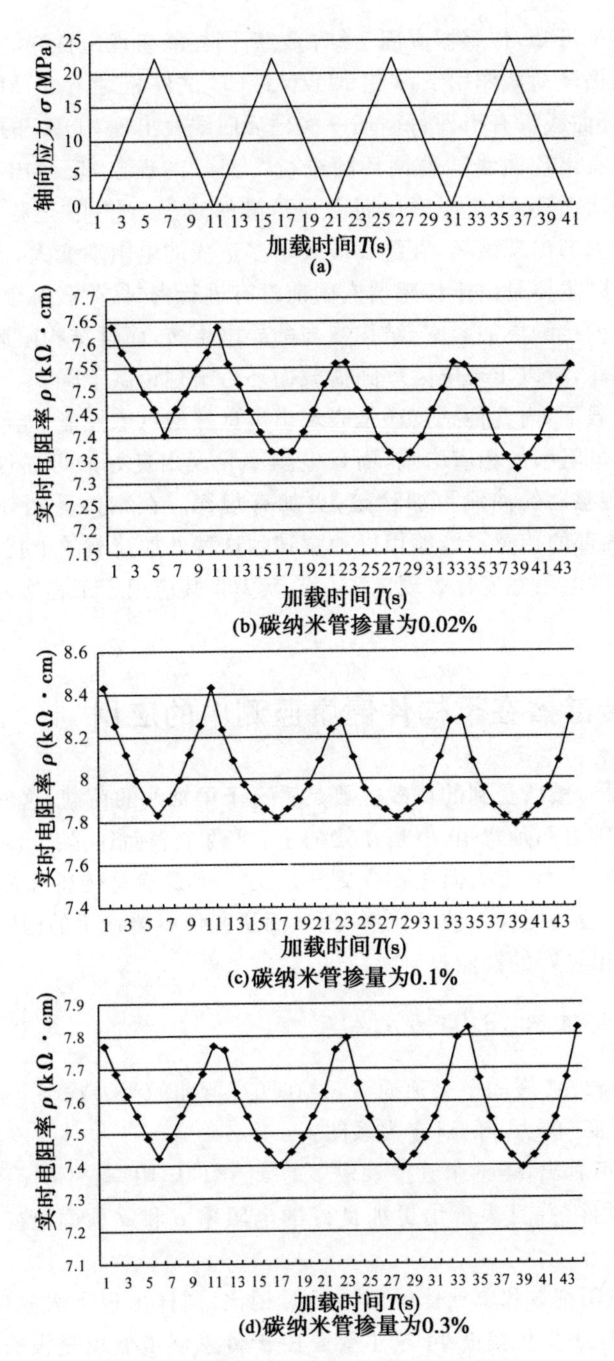

图 6.5 循环荷载作用下 ρ,σ 随 T 变化图

由循环结果可知，传感器嵌固于结构之后同样能表现出良好的机敏性能，在传感器单独在循环荷载作用下，a 组 MWNT/CC 试件相对 A 组 MWNT/CC 试件而言，其循环曲线没有出现每循环一次循环曲线就出现“上移”的现象，在嵌入结构后依旧没有出现曲线随着循环的进行“上移”的现象，反而出现稍微的“下移”，就是说每次循环后，电阻率反而出现稍微的减小。曲线“上移”主要是由于荷载使传感器内部出现破坏，裂缝发展及增多造成的电阻率变大，而此处出现的曲线稍微“下移”主要是由于传感器嵌固前没有进行密封，荷载每个循环后，结构和传感器之间的接触更加紧密，结构参与的导电更多，而且结构限制了传感器的裂缝发展和破坏，所以出现电阻率随荷载循环后出现稍微下降。

在循环荷载下，内置传感器还是表现出了良好的机敏性能，能够随着荷载的加卸载表现出电阻率的相应增减，而且电阻率表现出良好的可逆性。由于有了结构的保护，传感器的曲线更加稳定，更加有规律。在结构受到外加荷载的时候，置于结构内部的传感器能够很好地感知到这种外加荷载的干扰，并且能够很好地通过自身的电阻率变化表现出来。这就为将其应用于工程实际打下良好的基础。

6.3 传感器在梁构件健康监测中的应用

梁和柱不同，梁所受到的荷载主要是垂直于梁轴线的荷载，这就造成在梁中所受到的不是轴力而是弯矩，但是在梁的上、下两个表面还是以正应力为主，下表面主要受到拉应力，上表面主要受到压应力。本试验将传感器嵌固于梁的上表面，来监测上表面压应力的变化情况，从而研究传感器在梁的健康监测应用中是否也能表现出良好的性能。

6.3.1 电阻率 ρ 与应力 σ 关系

图 6.6 为 a2、a4 嵌固于梁顶面后，梁在四点弯曲的受力状态下，传感器的电阻率 ρ 和梁顶面正应力 σ 的对应关系图。

由图 6.6 可看出，碳纳米管掺量较多的 a4 试件电阻率整体小于碳纳米管掺量较少的 a2 试件，并且表现出更加良好的电阻率 ρ 和梁顶面正应力 σ 的对应关系。

在梁中，电阻率 ρ 和单独传感器试验时相比，同样出现了大幅度的降低，但是降低幅度较柱中变化幅度小，这主要是由于传感器虽然也是没有密封即嵌固于结构中，但是和柱中嵌固于轴心相比，梁中嵌固在了梁的顶面，试件的一个面并没有和梁接触，这就造成梁内混凝土参与传导的电荷远远小于柱中混凝土参与传导的电荷，所以电阻率并没有出现像柱中那么大幅度的减小。电阻率由单独试验时的 40 kΩ·cm 左右降低到现在的 15 kΩ·cm 左右，但是和柱中一样，电阻率减小了，但是电阻率和应力的关系没有改变，仍是随着应力的增加电阻率减小。而且相较于试件单独试验所得曲线更加理想，这还是由于外部结构对于传感器的保护，使其开裂和破坏减少所致。

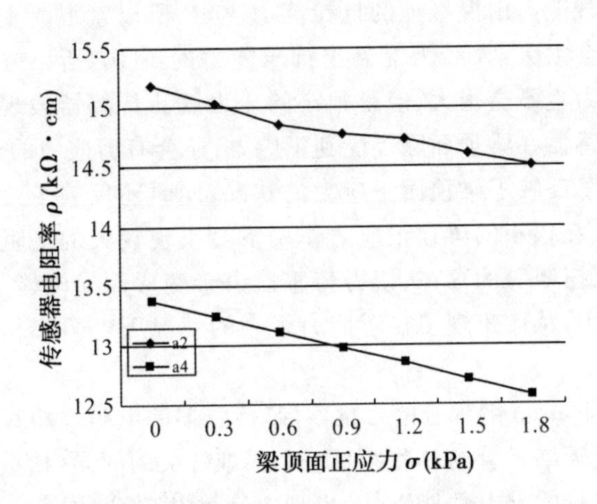

图 6.6　梁中传感器体积电阻率 ρ 与梁顶面正应力 σ 关系图

6.3.2　电阻率变化率 $\Delta\rho$ 与应力 σ 关系

图 6.7 为梁在四点弯曲的受力状态下，传感器电阻率变化率 $\Delta\rho$ 和梁顶面正应力 σ 的对应关系曲线。

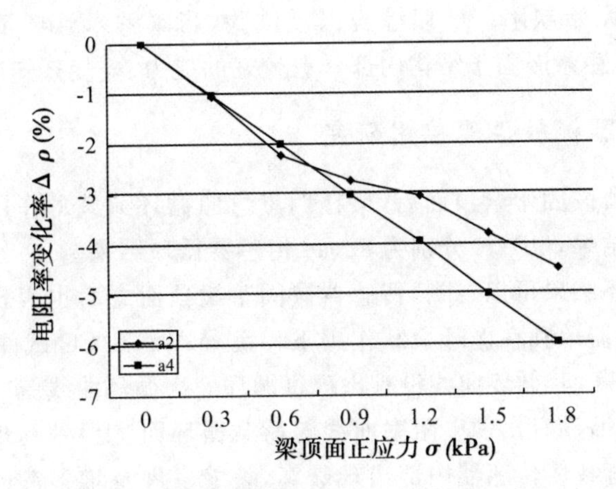

图 6.7　梁中传感器电阻率变化率 $\Delta\rho$ 与梁顶面正应力 σ 关系图

观察图 6.7 并联系上一章内容发现，在嵌固于结构之前，试件的电阻率变化率 $\Delta\rho$ 的最大改变幅度是从−4%到将近−27%不等，而嵌固在梁顶面之后电阻率变化率 $\Delta\rho$ 的最大改变幅度是从−4.5%到将近−6%，相对而言，和嵌固于柱子中一样，变化幅度也是很大，也不能够单纯地由电阻率相对变化幅度来判断结构内部的受力状况，这也主要是传感器嵌固之前没有进行密封的原因。而且由于素混凝土梁的承载能力由混凝土的抗拉能力决定，所以素混凝土梁上表面和下表面的正应力不会太大，大约为混凝土抗压能力的 1/10，所以嵌固在梁顶面的传感器所受的压力也不会很大，但是很小的压力就让传感器表现出了良好的压阻性能。由于传感器在梁顶面除了受到正应力，还会有剪应力的作用，所以传感器电阻率变化除了反映了梁顶面正应力的状况，同时还反映了梁内剪应力的变化，这就是为什么在很小的梁顶正应力作用下会出现较大的电阻率相对变化率。但是由于剪力、扭矩等的存在，使得传感器由于变形而导电能力大大增加，造成电阻率迅速减小，从而出现了在正应力很小的情况下电阻率相对变化率也出现很大的改变。

对比 a2 和 a4 可知，碳纳米管的掺量不同，传感器的电阻率相对变化率稳定性是不一样的，由于碳纳米管的分散性是一个很难解决的问题，掺量太少再加上分散不理想，试件本身的导电性能不佳，出现电阻率相对变化率-应力曲线不平滑。而掺量略微提高到 0.20%时，虽然也存在碳纳米管的分散性问题，但是能够保证传感器的导电稳定性，使得传感器能够准确稳定地反映结构的受力状况和健康状况。但是碳纳米管的掺量不宜太大，太多碳纳米管的掺入会出现分散性的问题而影响试件的成型质量，使得结构在自身承载能力范围内而嵌固在其内部的传感器已破坏，这样传感器不但不能为我们结构健康监测服务，反而会成为结构内部的一个原始缺陷。所以综合以上试验，当碳纳米管掺量为 0.20%时，复合材料作为传感器嵌固于结构内部具有较好的应力、应变感知能力。

6.3.3 传感器机敏性能应用研究

图 6.8 为传感器嵌固于梁顶面后，梁在四点弯曲循环荷载的作用下传感器的电阻率三次循环结果，(b)(c)分别为 a2、a4 传感器循环结果。

由图 6.8 的循环结果可以看到，传感器嵌固于梁顶面之后也表现出了良好的机敏性能，在传感器单独在循环荷载作用下，a 组 MWNT/CC 试件相对 A 组 MWNT/CC 试件而言，其循环曲线没有出现每循环一次循环曲线就“上移”的现象，在嵌入结构后依旧没有出现电阻率曲线随荷载循环而“上移”的现象。曲线“上移”主要是由于荷载使传感器内部出现破坏，裂缝发展及增多造成的电阻率变大，而此处出现的曲线稳定，并没有明显“上移”和“下移”，主要是由于传感器嵌固前没有进行密封，荷载每个循环后，结构和传感器之间的接触更加紧密，结构参与的导电更多，虽然随着荷载的循环，传感器内部的损坏会增加，电阻率会增大，但是由于结构限制了传感器的裂缝发展和破坏，所以传感器内部结构破坏并不严重，两种结果的综合保证了循环曲线的稳定性。

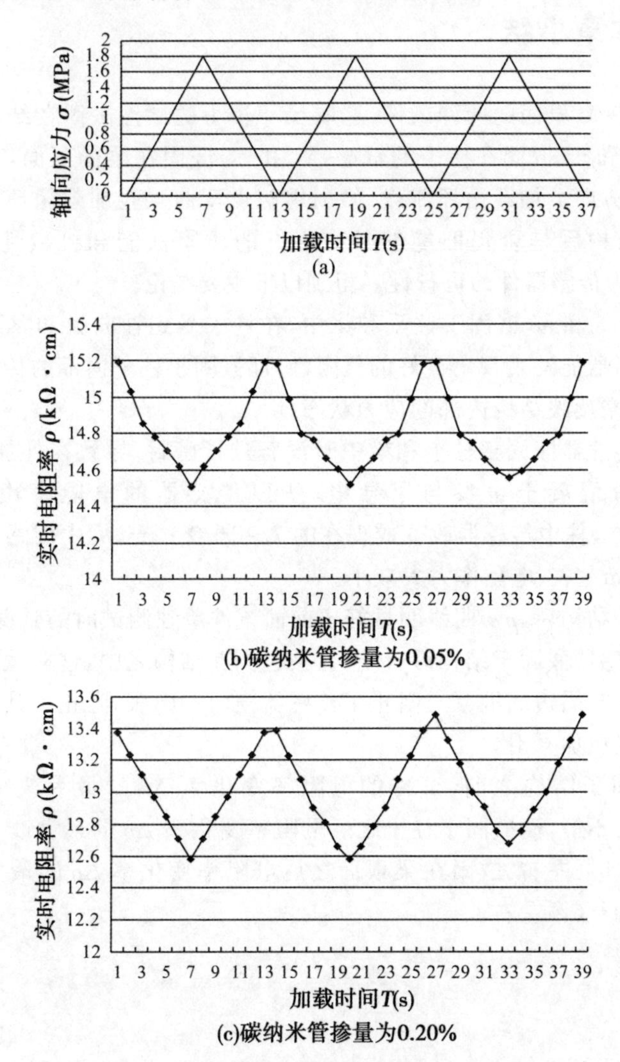

图 6.8　梁在四点弯曲循环荷载作用下 ρ,σ 随 T 变化图

在循环荷载下，内置传感器具有良好的机敏性能，能够随着荷载的加卸载表现出电阻率相应的增减，而且电阻率表现出良好的可逆性和可重复性。由于有了结构的保护，传感器的曲线比传感器单独测试时更加稳定，更加有规律。在结

构受到外加荷载的时候，置于结构内部的传感器能够很好地感应到这种外加荷载，并且能够很好地通过自身的电阻率变化来反映整个结构内部的受力状况，这就为将其应用于工程实际打下良好的基础。

6.4 本章小结

本章将上一章里面的两种试件，选取尺寸较小的试件嵌固在结构中去作为传感器（a1、a3 和 a5 嵌固在柱子的轴心，a2 和 a4 嵌固在梁的顶面，即受压侧），再在柱子轴线方向上加载循环荷载，梁利用四点弯曲试验加载循环荷载。测试试件嵌固在结构后是否仍旧能够具有很好的压阻性能和机敏性能，来评估 CNTs 试件作为传感器件的可行性。得到以下主要结论：

（1）将 a1、a3 和 a5 嵌固于柱子和梁中，在柱子受到轴向力和梁受到四点弯曲荷载时，传感器能够表现出良好的压阻性，即嵌固于柱子内部的传感器能够通过本身电阻率来反映结构内部的应力状态。

（2）由于传感器嵌固于柱子和梁中时没有进行密封，导致在外加电压时，传感器周围部分混凝土也参与了导电，所以传感器的电阻率由第 5 章的 40 kΩ·cm左右，柱中传感器改变成现在的 7～8 kΩ·cm，梁中传感器改变成现在的15 kΩ·cm左右，电阻率大大减小。

（3）嵌固于结构后，ρ-σ 曲线明显好于前面试件单独测试时的状况，这是由于将试件作为传感器嵌固于结构后，传感器被包围在结构之中，这样试件的受力状况更加均匀，同时周边的混凝土阻止了传感器横向的膨胀，阻止了其内部裂缝的开展，使得曲线更加平滑。

（4）在嵌固于结构之前，试件的电阻率变化率 $\Delta\rho$ 的最大改变幅度是从 −4%到−27%不等，而嵌固于柱子之后电阻率变化率 $\Delta\rho$ 的最大改变幅度是从 −3.5%到−6.5%左右，嵌固在梁顶面之后电阻率变化率 $\Delta\rho$ 的最大改变幅度是从−4.5%到−6%左右。

参考文献

[1]王贺权,曾威,所艳华,等. 现代功能材料性质与制备研究[M]. 北京:中国水利水电出版社,2014.

[2]周馨我. 功能材料学[M]. 北京:北京理工大学出版社,2014.

[3]关新春,欧进萍,韩宝国,等. 碳纤维机敏混凝土材料的研究与进展[J]. 哈尔滨建筑大学学报,2002(6):55-59.

[4]陶宝祺. 智能材料与结构[M]. 北京:国防工业出版社,1997.

[5]马俊. 纤维增强水泥基复合材料的新发展[J]. 高科技纤维与应用,2002,27(6):14-17.

[6]罗健林. 碳纳米管水泥基复合材料制备及功能性能研究[D]. 哈尔滨工业大学,2009.

[7]辛菲. 碳纳米管改性及其复合材料[M]. 北京:化学工业出版社,2012.

[8]陈本沛. 混凝土结构理论和应用研究的理论与发展[M]. 大连:大连理工大学出版社,1994.

[9]Lijima S. Helical microtubules of graphitic carbon[J]. Nature,1991,354(6348):56-58.

[10]Salvetat J P,Bonard J M,Thomson N H,et al. Mechanical properties of carbon nanotubes[J]. Applied Physics,1999,69:255-260.

[11]Sandler J,Shaffer M S P,Prasse Y,et al. Development of adispersion process for carbon nanotubes in an epoxy matrix and the resulting electrical properties[J]. Polymer,1999,40(21):5967-5971.

[12]Liu J,Baskaran S,Voise R D,et al. Surfactant-assisted processing of carbon nanotube/polymer composites[J]. Chem. Mater.,2000,12:1049-1052.

[13]Jang J,Bae J,Yoon S H. A study on the effect of surface treatment of

carbon nanotubes for liquid crystalline epoxide-carbon nanotube composite[J]. J. Mater. Chem. ,2003,13:676-681.

[14]Zhang X T,Zhang J,Liu Z F. Conducting polymer/carbon nanotube composite films made by in situ electropolymerization using an ionic surfactant as the supporting electrolyte[J]. Carbon,2005,43:2186-2191.

[15]Ning J W,Zhang J J,Pan Y B,et al. Surfactants assisted processing of carbon nanotube-reinforced SiO_2 matrix composites[J]. Ceram. Int. ,2004,30:63-67.

[16]Seeger T,Kohler T,Frauenheim T,et al. Nanotube composites novel SiO_2 coated nanotubes. Chem[J]. Commun. ,2002,1:34-35.

[17]Makar J M,Beaudoin J J. Carbon nanotubes and their applications in the construction industry. In Nanotechnology in construction[C]//Proceedings of the 1st International Symposium on Nanotechnology in Construction,Royal Society of Chemistry,2004:331-341.

[18]Maker J M,Margeson J C,Luh J. Carbon nanotube/cement composites-early results and potential applications[C]//Proceedings of the 3rd International Conference on Construction Materials: Performance,Innovations and Structural Implications,Vancouver,Canada,2005:1-10.

[19]Yakovlev G,Keriene J,Gailius A,et al. Cement based foam concrete reinforced by carbon nanotubes[J]. Materials Science,2006,12(2):147-151.

[20]Reinhard T, Torsten K. Nanotubes for high-performance concrete [J]. Betinwerk Fertigteil Tech,2005,71(2):20-21.

[21]YS de Ibarra,Gaitero J J,Campillo I. Analysis by atomic force microscopy of the effects on the nanoindentation hardness of cement pastes by the introduction of nanotube dispersions[Z]//TNT,2005 Oviedo:TNT,2005.

[22]Konsta-Gdoutos M S,Metaxa Z S,Shah S P. Nanoimaging of highly dispersed carbon nanotube reinforced cement basedmaterials[C]//Seventh Intl RILEM Symp on Fiber Reinforced Concrete:Design and Applications,Chenna, India,2008,125-131.

[23]Wansom S, Kidner N, Woo L Y, et al. AC-impedance response of multiwalled carbon nanotube/cement composites[J]. Cem. Concr. Compos. , 2006,28 (6):509-519.

[24]罗健林,段忠东,赵铁军. 纳米碳管水泥基复合材料的电阻性能[J]. 哈尔滨工业大学学报,2010,42(8):1237-1241.

[25]李庚英,王培铭. 表面改性对碳纳米管-水泥基复合材料导电性能及机

敏性的影响[J]．四川建筑科学研究，2007，33(6)：143-146.

[26]徐世烺，高良丽，晋卫军．定向多壁碳纳米管-M140 砂浆复合材料的力学性能[J]．中国科学 E 辑：技术科学，2009，39(7)：1228-1236.

[27]李庚英，王培铭．碳纳米管-水泥基复合材料的力学性能和微观结构[J]．硅酸盐学报，2005，33(1)：105-108.

[28]Housner G W，Bergman L A，Caughey T K，et al. Structural control：past，present，and future[J]．ASCE，Journal of Engineering Mechanics，1997，123(9)：897-971.

[29]吴人洁．复合材料[M]．天津：天津大学出版社，2002.

[30]孙康宁，李爱民．碳纳米管复合材料[M]．北京：机械工业出版社，2009.

[31]王升高，汪建华．纳米碳管的制备——微波等离子体的应用[M]．北京：化学工业出版社，2008.

[32]朱宏伟，吴德海，徐才录．碳纳米管[M]．北京：机械工业出版社，2003.

[33]曾戎，曾汉民．导电高分子复合材料导电通路的形成[J]．材料工程，1997(10)：9-13.

[34]Mclachlan D S. Measurement and analysis of a model dual-conductivitymedium using a generalized effective-medium theory[J]．Journal of Physics C：Solid State Physics，1988，21(8)：1521-1532.

[35]曹震．碳纤维水泥砂浆的电特性影响因素与导电机理研究[D]．汕头大学，2002.

[36]Landauer R. Electrical conductivity in inhomogeneous media[C]//American Institute of Physics Conference Proceedings，New York，1978：2-45.

[37]Ezquerra T A，Kulescza M. Charge transport in polyethylene-graphitecomposite materials[J]．Adv. Mater.，1990，2(12)：597-600.

[38]张巍，谢慧才，曹震．碳纤维水泥净浆外贴碳布电极的试验研究[J]．混凝土与水泥制品，2002(4)：32-34.

[39]韩宝国．压敏碳纤维水泥石性能、传感器制品与结构[D]．哈尔滨工业大学，2005.

[40]韩宝国．碳纤维水泥基复合材料压敏性能的研究[D]．哈尔滨工业大学，2001.

[41]毛起炤，赵斌元，沈大荣，等．极化效应对碳纤维增强水泥的导电性的影响[J]．材料研究学报，1997，11(2)：195-198.

[42]Xu Y S，Chung D D L. Cement-based materials improved by surface

treatedadmixtures[J]. J. ACI. Mater. ,2000,97(3):333-342.

[43]Chen P W,Chung D D L. Carbon fiber reinforced concrete for smart-structures capable of non-destructive flow detection [J]. Smart Mater. Struct. ,1993(2):22-30.

[44] Han B G, Ou J P. Embedded piezoresistive cement-based stress/strainsensor[J]. Sensors and Actuators A Physical,2007,138:294-298.

[45]郑立霞,宋显辉,李卓球. 碳纤维增强水泥压敏效应 AC 测试方法探讨[J]. 华中科技大学学报(城市科学版),2005,22(2):27-29.

[46]朱艳秋,魏秉庆,梁吉,等. 巴基管(BUCKYTUBE)稳定性的研究[J]. 材料研究学报,1996:333-336.

[47]罗健林,段忠东. 碳纳米管/水泥基复合材料的阻尼及力学性能[J]. 北京化工大学学报,2008,35(6):63-66.

[48]常利武,孙玉周,杨林峰. 碳纳米管的力学特性及其在改善水泥基材料性能中的应用[J]. 中原工学院学报,2011,22(2):1-4.

[49]王德刚. 碳纳米管增强水泥基复合材料力学性能模拟[D]. 大连理工大学,2011.

[50]刘金涛. 纳米材料增强水泥基复合材料初探[D]. 大连理工大学,2012.

[51]Wen S H,Chung D D L. Effect of stress on the electric polarization in cement. Cem. Concr. Res. ,2001,31:291-295.

[52]Wen S H,Chung D D L. Electric polarization in carbon fiber-reinforced cement. Cem. Concr. Res. ,2001,31:141-147.

[53]杨益. 碳纳米管增强镁基复合材料的制备及性能研究[D]. 国防科学技术大学,2006.

[54] Treacy M M J, Ebbesen T W, Gibson J M. Exceptionally high Young's modulus observed forindividual carbon nanotubes[J]. Nature,1996,381(6584):678-680.

[55]Lourie O,Wagner H D. Evaluation of Young's modulus of carbon nanotubes by micro-Raman spectroscopy[J]. Journal of Materials Research,1998,13:2418-2422.

[56] Yakobson B I, Brabec C J, Bernholc J. Nanomechanics of carbon tubes: instabilities beyond linear response [J]. Phys. Rev. Lett. , 1996, 76(14):2511-2514.

[57]Yakobson B I,Avouris P. Mechanical properties of carbon nanotubes

[J]. Carbon Nanotubes,2001:287-327.

[58]Gao R P,Wang Z L,Bai Z G,et al. Nanomechanics of individual carbon nanotubes from pyrolytically grown arrays[J]. Phys. Rev. Lett. ,2000,85(3):622-625.

[59]Yu M F,Lourie O,Dyer M J,et al. Strength and breaking mechanism of multiwalled carbon nanotubes under tensile load[J]. Science,2000,287(5453):637-640.

[60]Yu M F,Files B S,Arepalli S,et al. Tensile loading of ropes of single wall carbon nanotubes and their mechanical properties[J]. Phys. Rev. Lett. ,2000,84(24):5552-5555.

[61]Zhu H W,Xu C L,Wu D H,et al. Direct synthesis of long single-walled carbon nanotube strands[J]. Science,2002,296(5569):884-886.

[62]Li Y J,Wang K L,Wei J Q,et al. Tensile properties of long aligned double-walled carbon nanotube strands[J]. Carbon,2005,43(1):31-35.

[63]Walters D A,Ericson L M,Casavant M J,et al. Elastic strain of freely suspended single-walled carbon nanotube ropes[J]. Applied Physics Letters,1999,74(25):3803-3805.

[64]Iijima S,Brabec C,Maiti A,et al. Structural flexibility of carbon nanotubes[J]. Journal of Chemics and Physics,1996,104(5):2089-2092.

[65]Bieruk M J,Liaguno M C,Rasosavijevi C M. Carbon nanotube composites for thermal management[J]. Appl. Phys. Lett. ,2002,80:2767-2769.

[66]常利武,孙玉周,乐金朝. 碳纳米管增强水泥砂浆梁弯曲性能试验研究[J]. 混凝土,2011,10(264):108-110.

[67]邓春锋. 碳纳米管增强铝基复合材料的制备及组织性能研究[D]. 哈尔滨工业大学,2007.

[68]Li Yunfeng,Wang Quanxiang,Guo Huaxun. Shrinkage cracking ring test of concrete with compound mineral admixtures[J]. Applied Mechanics and Materials,2013,325-326:59-62.

[69]冯乃谦. 高性能混凝土结构[M]. 北京:机械工业出版社,2004.